饲料检验化验员
基础知识与实用技术

曹 林 姚 婷 娄迎霞 冯秀燕 李 征 等 著

中国农业科学技术出版社

图书在版编目(CIP)数据

饲料检验化验员基础知识与实用技术 / 曹林等著 . --北京：
中国农业科学技术出版社，2024.4
ISBN 978-7-5116-6714-4

Ⅰ.①饲… Ⅱ.①曹… Ⅲ.①饲料-检验 Ⅳ.①S816.17

中国国家版本馆 CIP 数据核字(2024)第 042151 号

责任编辑	施睿佳 姚 欢
责任校对	王 彦
责任印制	姜义伟 王思文

出 版 者	中国农业科学技术出版社
	北京市中关村南大街 12 号　　邮编：100081
电　话	(010) 82106631 (编辑室)　　(010) 82106624 (发行部)
	(010) 82109709 (读者服务部)
网　址	https://castp.caas.cn
经 销 者	各地新华书店
印 刷 者	北京建宏印刷有限公司
开　本	185 mm×260 mm　1/16
印　张	12.25
字　数	290 千字
版　次	2024 年 4 月第 1 版　2024 年 4 月第 1 次印刷
定　价	68.00 元

◄━━━◄ 版权所有·翻印必究 ►━━━►

《饲料检验化验员基础知识与实用技术》
著作委员会

主　　著：曹　林　姚　婷　娄迎霞　冯秀燕　李　征

副 主 著：杨宝良　王　斌　王继彤　贾　涛　徐理奇

著作人员：黄　骅　赵　茜　李　浍　李　月　孙　越
　　　　　巩　浩　祁　鑫

前　　言

　　饲料业是现代畜牧水产养殖业发展的重要物质基础，直接影响动物食品的质量安全和农村经济发展，已成为我国国民经济的重要基础产业之一。随着人们生活水平的不断提高和"菜篮子"的日益丰富，人民群众对动物食品的质量安全提出了更高的要求，社会关注度也越来越高，作为养殖业上游链条的饲料产品质量安全的重要性越发凸显。因此，提高饲料检验化验员的技术水平、业务素质，对于促进饲料企业质量管理，推进饲料行业技术进步，建立健全安全、优质、高效的饲料生产体系，确保饲料质量安全具有深远的意义。本书旨在为夯实饲料生产企业饲料检验化验员的基础知识和操作技能，提高其检测技术水平提供帮助。

　　本书主要分为六个章节。第一章主要阐述了饲料生产企业实验室的设置、划分、应具备的基本条件。第二章对不同种饲料样品的采集、制备与保存进行了归类整理。第三章主要对饲料检验室的最常用和最基本的实验器材的使用进行了分类讲解。第四章主要对饲料检验室各种试剂、溶液的制备、保存等做了较详细的介绍。第五章主要讲述了有关实验数据分析的基本概念及数据处理方法。第六章主要对现行重要的饲料法律法规及相关规定进行了分类整理。

　　本书主要由北京市兽药饲料监测中心从事一线检测工作、具有丰富工作经验的人员编写，希望能为从事饲料检验化验的技术人员提供帮助。对于本书编写过程中提供指导和帮助的各位领导、专家，在此一并表示诚挚的谢意！

　　由于编者编写时间、水平有限，书中难免存在疏漏和不足之处，敬请同行专家和广大读者谅解并批评指正。

编者
2023 年 10 月

目　　录

第一章　检测室条件要求与检验质量控制

第一节　饲料检测室的基本条件

一、检测室功能划分与基本要求

（一）饲料检测室的主要功能划分

企业饲料检测室按照功能至少分为天平室、仪器室、理化分析室（前处理室）和留样观察室。企业根据需要还可增设微生物室、高温室和标准溶液制备室等，各室面积应当满足仪器、设备、设施布局和检验工作的需要。

（二）饲料检验各功能科室的基本要求

1. 天平室

有满足分析天平放置要求的天平台。应避光、整洁、安静、防震、防潮和防腐蚀。天平室窗户应尽量朝北，北方冬天应有加热措施，窗户应双层，门应双开，通风系统应均衡、稳定。天平室温度最好在 20~24 ℃，湿度要保持在 65%~75%（具体温湿度要求参照天平使用说明书的规定）。湿度太高会使天平摆动迟钝，也易腐蚀金属部件，过于干燥对样品称量也有影响。天平台应当稳固、防震和防滑，便于保洁、擦洗。

2. 仪器室

要求具有防震、防潮、通风、防腐蚀、防尘和防有害气体等特点。温度应保持在 15~30 ℃，湿度应在 65%~75%（具体温湿度要求参照仪器使用说明书的规定）。仪器台应稳固，如果购买了液相色谱仪和原子吸收分光光度计，这两台设备要分开放置，这是因为液相操作要使用甲醇、乙腈等易燃试剂，而原子吸收分光光度计操作常使用高温火焰，两台仪器放置在一起或者距离太近，极易发生安全事故。乙炔气瓶应固定，并最好放在室外或其他安全的地方。

3. 标准溶液制备室

应防尘、避光、通风，温湿度符合要求，温度最好控制在 15~25 ℃。

4. 理化分析室

采光、通风应良好，自来水上下通畅。有能够满足样品前处理和检验要求的通风柜、实验台、器皿柜、试剂柜、气瓶柜或气瓶固定装置以及避光、空调等设备设施（依检测的要求而定）。如果同时开展高温或明火操作（如样品的炭化、灰化、加热等）和易燃操作（如进行样品的提取、皂化、脱脂、蒸发时，使用乙醚、乙醇、乙腈、三氯甲烷、四氯化碳等易燃试剂），应当分别设置独立的操作区和通风柜，并保持一定的安全距离；实验台应防酸、防碱、防滑和防静电，便于保洁、擦洗等。

5. 高温室

完善的供电、消防设施以及良好的通风条件。在高度适宜的实验台上，放置高温炉、干燥箱等笨重仪器，以方便检验人员的使用操作。

6. 留样观察室

应保持干燥和通风良好。其温度、湿度、采光等环境条件与所留存的原料和产品标签上所要求的环境条件一致。所留存的原料和产品，有的需要常温常湿保存，而有的需要低温保存（如阴凉或具体到25 ℃以下等），则应设置两个留样间，一个是常温常湿，另一个则是阴凉或具体温度以下。对于阴凉或具体温度以下保存的留样间，应配备空调、除湿等控制设备以及温湿度计，并建立和实施温湿度记录，保持常年监控。

7. 微生物室

应安排在实验室的靠边角落处，把有洁净要求的房间设置在人员干扰少的地方，把辅助房间设置在外部。考虑微生物试验操作流程，把检测室与洗刷消毒室和培养室相邻，还要设置缓冲间和物料传递窗，方便实验室人流与物流的分离。微生物室要在相应位置安装紫外灯、超净工作台或生物安全柜等设备。

必要时安装净化空调系统，该系统能够控制实验室内温度、尘埃、细菌、有害气体的浓度和气流分布，保证室内人员所需新风量和室内合理的气流流向，并能维持整个微生物实验室合适的梯度压力和定向流动，减少实验过程中一切潜在的危险。

二、不同类别饲料生产企业应配备的检验仪器

饲料生产企业检验化验室除配备常规检验仪器外，按照类别不同还应当配备下列专用检验仪器。

1. 固态维生素预混合饲料生产企业

配备万分之一分析天平、高效液相色谱仪（配备紫外检测器）、恒温干燥箱、样品粉碎机和标准筛。

2. 液态维生素预混合饲料生产企业

配备万分之一分析天平、高效液相色谱仪（配备紫外检测器）和酸度计。

3. 微量元素预混合饲料生产企业

配备万分之一分析天平、原子吸收分光光度计（配备火焰原子化器和被测项目的元素灯）、恒温干燥箱、样品粉碎机和标准筛。

4. 复合预混合饲料生产企业

配备万分之一分析天平、高效液相色谱仪（配备紫外检测器）、原子吸收分光光度计（配备火焰原子化器和被测项目的元素灯）、恒温干燥箱、高温炉、样品粉碎机和标准筛。

5. 浓缩饲料、配合饲料、精料补充料生产企业

配备万分之一分析天平、可见光分光光度计、恒温干燥箱、高温炉、定氮装置或定氮仪、粗脂肪提取装置或粗脂肪测定仪、真空泵及抽滤装置或粗纤维测定仪、样品粉碎机和标准筛。

6. 混合型饲料添加剂生产企业

配备能够满足产品主成分检验需要的专用检验仪器。饲料管理部门指定的饲料检验机构验证。

第二节 饲料检验的质量控制

一、建立完善检测室制度

（一）岗位设置与职责

1. 检测室主任岗位职责

（1）组织制定并严格遵守检验管理制度。

（2）带领检验人员高效、科学、公正、准确地开展检验工作。

（3）组织制订检验工作计划，并检查执行情况。

（4）组织检验业务学习和技术培训。

（5）组织仪器设备的检定、校准和维护保养工作。

（6）审核和批准检验报告。

（7）组织检验能力验证和比对，控制检验质量。

（8）组织检查实验室安全及环境控制情况，发现问题及时向领导汇报，并采取有效措施解决问题。

2. 检验员岗位职责

（1）严格遵守检验管理制度和检验操作规程。

（2）系统掌握检验项目所依据的检验方法标准。

（3）保质、保量完成检验任务，如实填写检验原始记录。

（4）正确使用仪器设备，填写使用记录。

（5）保持实验室的环境卫生，做到窗明几净、台面整洁、放置有序、标志分明、使用方便。

3. 检验报告编制员岗位职责

（1）负责所有检验项目检验原始记录的收集、整理和校核。

（2）负责编制检验报告，交实验室主任审核。

（3）负责发放检验报告。

（4）负责保存检验原始记录和检验报告。

4. 样品管理员岗位职责

（1）负责对采集的样品贴注标签，并分类存放。

（2）保管好抽样工具以及样品桶、样品箱、样品袋等。

（3）保持样品室的环境条件符合样品的储存要求，并负责监控和记录。

（4）负责对留样进行观察和过期品的清理，做好留样观察记录。

（5）做好样品室的安全、卫生和防护工作。

5. 检验物品管理员岗位职责

(1) 负责检验物品（包括检验试剂和标准物质）的验收、登记以及出入库管理。

(2) 负责库内物品堆码整齐，并有明显标志。

(3) 负责定期检查标准物质和标准溶液是否在有效期内。

(4) 易制毒、易制爆化学品的管理按公安部门的规定进行。

6. 仪器设备管理员岗位职责

(1) 负责收集仪器设备的附机资料和使用、维护、维修记录，按照"一机一档"的要求建立仪器设备档案。

(2) 负责仪器设备的保养和维修等日常管理工作。

(3) 负责仪器设备的检定或校准。

(4) 负责仪器设备状态标识的管理。

7. 技术资料管理员岗位职责

(1) 负责技术资料（包括仪器设备档案、产品标准、检验方法以及各种检验过程记录）的收集、分类、编号、归档、保管等工作。

(2) 严格遵守技术档案管理规程，执行借阅、查询批准手续。

(3) 负责档案室清洁、通风，做好防火、防潮、防虫工作，保证档案安全。

(二) 实验室日常管理制度

(1) 检验员进入实验室必须穿工作服，进入微生物无菌室换无菌衣、帽、鞋，戴好口罩，严格执行安全操作规程。

(2) 实验室内要经常保持清洁卫生，物品摆放整齐，桌柜等表面应保持洁净，不得乱扔纸屑等杂物。

(3) 禁止在实验室吸烟、进餐、会客、喧哗。严禁在实验台、冰箱、温箱、烘箱、微波炉内存放和加工私人食品或物品。

(4) 各种器材应履行领取和使用记录，破损遗失应填写报告，药品、器材等不经批准不得擅自外借或转让，更不得私自拿出。

(5) 进行高压、灼烧、消毒等工作时，检验人员不得擅离现场，认真观察温度、时间、压力等参数，防止出现意外。

(6) 严禁用口直接吸取试剂、溶液和菌液。如发生菌液等溅出时，应立即用消毒剂进行彻底消毒，安全处理后方可离开现场。

(7) 任何人不得将实验室任何物品转送他人。其他部门的人员借用仪器、药品，应办理借用手续。

(8) 实验完毕，及时清理现场和实验用具，工作服应保持整洁，必要时高温高压消毒。

(9) 检测用过的废弃物以及有毒、有害、易燃、腐蚀的物品，应倒在固定的箱桶内。按有关要求及时处理。

(10) 离开实验室前，应认真检查水、电、气、暖和仪器设备的开关，关好门窗。

(三) 化学试剂和危险化学品管理制度

(1) 化学试剂和危险化学品由专人专室保管，试剂库应干燥通风，避免阳光直射，门窗坚固，门应朝外开。

（2）化学试剂应分类储存，易燃易爆、腐蚀性试剂要妥善存放（如柜中铺干燥的黄沙）。

（3）三氧化二砷、亚硒酸钠等剧毒品要实行双人双锁管理。

（4）试剂库的照明设备应有防爆开关。室内严禁烟火。

（5）试剂库中要准备好消防器材，管理人员必须掌握消防知识和技能。

（四）实验室气瓶管理制度

（1）搬运气瓶时应有专用小车，轻装轻卸，严禁抛、滚、撞。

（2）操作必须正确，尤其是高压气瓶，必须经减压阀，不得直接放气。

（3）气瓶用毕关阀，应用手旋紧。不得用工具硬扳，以防损坏瓶阀。

（4）气瓶不得靠近明火或热源，一般应距明火和热源 10 m 以上，如有困难，应有妥善隔热措施，但不得少于 5 m。

（5）气瓶必须专瓶专用，不得擅自改装，保持漆色完整、清晰。

（6）瓶内气体不得全部用完，一般应保留 196 kPa 以上余压，备充气单位检验或取样所需，并防止其他气体倒灌。

（7）氧气、乙炔气瓶禁止同库存放。严禁与各种化学危险品、易燃易爆物品混放。

（8）气瓶应安放在气瓶柜中，或用绳索拴牢，严禁横放。

（五）检验管理制度

1. 遵循以下顺序选择检验方法

（1）法规或强制性标准中规定的方法。

（2）国家标准、行业标准。

（3）地方标准。应对检验方法进行确认。

（4）其他：企业标准、国际标准、实验室自定方法。

2. 初次采用检验方法标准开展项目检测时应对检验方法进行确认

（1）由检验人员按照标准方法的规定准备和配备检测所需条件，按方法步骤进行证实（尤其需要关注检测方法的适用范围、定量限、样液浓度和样品基质），确认检测结果（如检测浓度范围、检测结果位数、重复性等）符合标准方法的要求，经实验室主任审核，认为本企业人员能够正确运用方可投入使用，此过程应形成书面报告。

（2）若实验室的条件可行时，应使用合适的有证标准物质评估方法偏差，该物质应尽可能与样品基体保持一致，物质浓度符合检测方法的适用范围。如无合适基体的有证标准物质，可用对照品或参比样品进行回收率测定或方法比对，并保存相关原始记录。

（3）如果在验证过程发现检测方法标准中，有未能详述但影响检测结果的环节，应将详细操作步骤编制成作业指导书，作为检测方法标准的补充。

（六）样品抽取和管理制度

（1）样品管理员根据相关规定，对原料、半成品和成品进行抽样，并及时将样品送给实验室样品管理员。

（2）实验室样品管理员在接收时要检查样品的包装、外观和数量，并进行登记、编号。将样品分成两份，一份留存观察和备查，一份按规定粉碎、制备，填写检测通知单，送检验员检测样品。

（3）被检测的样品进入流转程序时，样品标签上要有明显的检测状态标识。分析检测工作完成后，及时将样品归还样品管理员。

（4）留存的样品要专人保管，防止生虫、发霉或丢失。

（5）样品一般保留到保质期后一个月，在此期间要做好留样观察记录。过期样品由样品管理员按规定处理并记录。

（七）仪器设备管理制度

1. 仪器设备的采购和验收

仪器设备的采购由实验室按工作需要进行采购。仪器设备的验收按合同约定的条款进行。

2. 仪器设备的档案管理

仪器设备验收合格后，由仪器设备管理员对仪器设备进行编号，在仪器设备上标识清楚，将与仪器设备有关的技术资料收集齐全归入仪器设备档案中。

3. 仪器设备的使用与维护

（1）主要仪器设备由具备相关资质并经实验室主任授权的化验员使用。

（2）在仪器设备使用期间，填写《仪器设备使用记录》。

（3）仪器设备使用人应按维护规程，定期进行保养、维护和检查。

（4）仪器设备需要搬动或运输时，仪器设备管理员要考虑仪器设备的摆放、固定、防震和防撞击等措施，确保不影响仪器设备的性能。

4. 仪器设备的维修管理

（1）仪器设备因过载或处置不当而出现可疑结果，或已显示出缺陷、超出规定的限度，均应停止使用，并加贴红色"停用"标识。

（2）仪器设备使用人应将失效仪器设备的状况通知实验室主任，由其组织维修，对维修情况应做好记录。

（3）仪器设备维修后，在使用前应进行核查和校准（或检定）。

（4）对于失效仪器设备维修前出具的检测结果，应由实验室主任和仪器设备使用人对已出具的数据进行风险分析。

（八）样品检验和判定制度

（1）购入的饲料原料按《饲料质量安全管理规范》的要求进行检验。

（2）生产过程中的半成品和小料按公司规定检测。

（3）出厂成品按产品标准规定的要求进行检验和判定。

（4）检验员严格按方法标准和检验规程操作，如实填写检验记录。

（5）检验原始记录保存2年以上。

（九）检验原始记录编制和填写制度

（1）检验原始记录由实验室按《饲料质量安全管理规范》的要求统一编制。

（2）检验原始记录应包含足够的信息，以保证该检验在尽可能接近原条件的情况下能够复现。

（3）检验原始记录必须用黑色或蓝黑色签字笔填写，字体要清晰，信息要完整。

（4）检验原始记录如出现错误，不应描改、涂改，而应划掉，在旁边标上正确值，并在旁边签名，或按照企业实验室内部规定执行。

（十）检验结果整理和报告制度

（1）检验报告由专门人员根据检测原始记录、抽样单填写，应包含足够的信息，编制人员签字，交实验室主任审核、签字。

（2）检验报告使用统一的检验报告用纸，字迹工整，用语规范，计量单位正确，不得有任何涂抹和改写。

（3）检验报告至少一式两份，一份上报主管领导，一份存档。

二、检验过程质量控制

检验结果是否准确是衡量一个实验室水平的关键指标，饲料企业实验室仪器设备差异较大，管理水平参差不齐，质量控制手段各不相同。但是，不论实验室软硬件差异有多大，控制检验质量的方法基本相同。以下将从实验室的检测人员、设施与环境条件、检测方法等方面对实验室的质量控制进行阐述，希望能帮助饲料企业检验化验员提升实验室的整体管理水平和检验技术能力，为饲料质量安全控制工作提供强有力的技术保障，促进饲料企业实验室的总体管理水平上一个新台阶。

（一）检验人员

（1）检验人员的数量和专业知识应满足法规的要求和检测工作的需求。

（2）实验室有措施保证检验人员不受任何对工作质量有不良影响的、来自内外部的不正当的商业、财务和其他方面的压力和影响。

（3）实验室要教育检验人员应按照规定的方法进行检测，对检验结果作出独立公正的判断，不弄虚作假，诚实可信。

（4）实验室应针对不同层次的检验人员制定培训和技能目标，制订年度培训计划，有计划地安排检验人员外出学习或进行内部培训，落实在岗人员的业务培训。

（5）实验室应定期组织技术考核。对于新员工，应根据所从事的岗位进行必要的岗前培训和岗前考核，经过技术能力评价满足要求的人员，由实验室负责人授权并发放上岗证。

（6）建立检验员日常检验质量控制制度，实现检验结果的质量可控、检验数据的可追溯和快速查找。

（二）仪器设备

（1）实验室应配备检测能力范围及其测定方法标准所要求的全部仪器设备和设施，包括抽样工具、样品制备和数据处理需用的仪器设备和相关软件，并有计划地进行更新和补充。仪器设备的配置应满足量程匹配，并能达到测试所需要的灵敏度和准确度。

（2）操作技术复杂的大型精密仪器设备应放置在固定、合适的场所，配备符合要求的辅助设施，并有专人保管，做好日常维护和保养工作。使用人员应经过操作培训并取得上岗操作证。实验室应明确规定使用人员的范围和职责，未经培训合格的人员不得使用大型精密仪器设备。需撰写仪器设备使用和维护的作业规程，表述应明确，操作步骤连贯、清晰、并告知注意事项，便于使用人员的正确使用和维护。

（3）确认使用经过计量检定或校准合格的测量仪器设备。仪器设备使用前应做检查，确认正常后再开启使用，要防止因使用失误而造成仪器损坏。具有自检功能的仪器设备在开机时应注意自检是否正常，不能通过自检的应立即关机并查找原因。在检测过程中，如果发现仪器设备损坏或出现异常情况，使用人员应立即停止使用，及时报告仪器设备管理人员，说明故障情况、分析原因、提出排除故障的方案。如需联系维修，及时与生产厂家或售后服务联系，争取在尽可能短的时间内使仪器设备恢复正常，同时做好维修记录。仪器设备在故障停用期间，应有明显"停用"标示，以免误用。

（4）发现仪器设备有故障时，应追溯该仪器设备近期的检测结果，确定这些结果的准确性。如有疑问，立即通知相关部门，避免成品销售或原料接收遭受损失，同时立即对可疑数据重新检测。仪器设备出现故障修复后重新投入使用前，应经过重新检定或校准。

（三）测量溯源性

1. 仪器设备检定或校准

对测试结果的准确性或有效性有重要影响的测量仪器设备，包括辅助测量设备，在投入使用前应进行检定或校准，保证测试结果的量值溯源性和可靠性。

2. 标准物质的管理

（1）标准物质的可追测性。国外进口的标准物质应提供可追溯到国际计量基准或输出国计量基准的有效证书或国外公认的权威技术机构出具的合格证书，应对标准物质的浓度、有效期等进行确认。国内的标准物质应有国家计量部门发布的编号，并附有标准物质证书。当使用的标准物质无法进行量值溯源时，应具有生产厂提供的有效证明。实验室应编制程序进行技术验证。

（2）标准物质的验收。对购置到货的标准物质，应选择使用频率高的标准物质进行品质检查。如可用另一标准物质进行比对或采用定性方法予以确证。

（3）标准物质的储存。标准物质应由专人保管，予以编号、登记，放置规定位置，标准物质应根据其性质妥善存放，防止其性能发生变化。领用、用完或作废后及时登记，保持账物相符。

（4）标准溶液的管理。实验室配制的标准滴定溶液、标准储备溶液、标准工作溶液、杂质测定用标准溶液等要按照《化学试剂　标准滴定溶液的制备》（GB/T 601—2016）、《化学试剂　杂质测定用标准溶液的制备》（GB/T 602—2002）以及具体的标准方法进行。各实验室要制定统一的标签，标签上要注明溶液名称、浓度、介质、配制日期、有效期限及配制人。标准溶液有有效期要求的，按规定的有效期使用，超过有效期的应重新配制。标准溶液存放的容器和存放的环境温度应符合规定。应经常检查标准溶液和工作溶液的变化迹象，观察有无变色、沉淀、分层等现象。当检测结果出现疑问时，应检查所用标准溶液的配制、标定和使用情况，必要时可重新配制并进行标定。

（5）按照量值传递的要求，所有用于直接配制或标定标准滴定溶液的试剂必须是基准试剂，所有的基准试剂不允许用高纯试剂、优级纯试剂、分析纯试剂替代，仪器分析的标准样品、对照样品、单元素标准溶液也必须具备有资质部门提供的标准证书，以确保量值传递的连续性。

如测定粗蛋白质时，实验室用优级纯的无水碳酸钠替代基准碳酸钠标定盐酸标准滴定溶液，表面看结果影响不大，但这种做法是不正确的。因为标定盐酸的过程是个量值传递的过程，优级纯（或分析纯、化学纯）的无水碳酸钠含量不是一个确定的值，只是大于某个数值，这个值是不能进行量值传递的，因此用优级纯的试剂标定的盐酸标准滴定溶液也无法进行量值传递，用该盐酸标准滴定溶液测定的粗蛋白质的值是无法进行量值溯源的。而基准碳酸钠的值是一个带有不确定度的准确的值，有计量证书可以进行量值传递，因此用基准碳酸钠标准滴定溶液标定的盐酸标准滴定溶液测定粗蛋白质的数值可以溯源，符合量值传递的规律，是可信值。

（四）样品管理

1. 样品标识

（1）样品应编号登记，加贴唯一性标识，标识的设计和使用应确保不会在样品或涉及的记录上产生混淆。

（2）样品应有正确、清晰的状态标识（待检、在检、检毕），保证不同检测状态和传递过程中样品不被混淆。

2. 样品制备、传递、保存和处置

（1）样品制备。样品应在完成感官评定后进行制样处理，样品制备应在独立区域进行，使用洁净的制样工具，制成样品应盛放在洁净的样品袋或惰性容器中，立即封口，加贴样品标识。在样品的制备过程中，不能对待测成分的性质和含量造成影响。检测项目中有微生物项目时，应按照微生物规定要求进行制样。

（2）样品传递。有微生物检测项目的样品，要单独进行传递。

（3）样品保存。样品保存的环境应符合样品的特性，必要时样品室要有空调或冰柜，并进行监测和记录。

（4）样品处置。超过保存期的留样应按照无害化原则进行处置。

（五）检验方法及确认

1. 检验方法分类

实验室应明确标准方法、非标准方法的选取原则，对偏离标准方法的部分要进行验证或确认。

（1）标准方法。国际标准（ISO、WHO、CAC等）、国家（或区域性）标准（GB、《中华人民共和国药典》等）、行业标准（NY、HG等）、地方标准（DB）、标准化主管部门备案的企业标准。

（2）非标准方法。国际技术组织发布的方法（AOAC、AFCC等）、科学文献或期刊公布的方法、仪器生产厂家提供的指导方法、实验室制定的内部方法。

（3）允许偏离的标准方法。对标准的规定进行部分修改、扩充或更改的标准方法。

2. 检验方法的选择

（1）首先选择所生产的产品执行的质量标准（无论是国家标准、行业标准）中规定的方法。

（2）当检测的项目有多个相对应的检验方法标准时。优先采用国家标准、行业标准或地方标准。

（3）保证采用标准的最新有效性。必要时，到当地标准化信息部门检索查新。

3．标准方法的确认

首次采用的标准方法，在应用于样品检测前应对方法的技术要求进行验证。验证的技术内容一般包括检出限、定量限、标准曲线、提取效率、特异性、回收率、重复性。

4．非标准方法的制定

（1）引用方法。需要引用权威技术组织发布的方法、科学文献或期刊公布的方法、仪器生产厂家提供的指导方法时，应对方法的技术要素进行验证。验证发现引用方法原文中未能详述、但会影响检测结果时，应将详细操作步骤编写成作业指导书，作为原方法的补充。

（2）实验室内部方法。实验室需要研制新方法时，应检索国内外状况，设计技术路线，明确预期达到的目标，制订工作计划，提出书面申请，报经批准。

（3）非标准方法的控制。非标准方法应经试验、验证、编制、审核和批准，实验室应指定具备相应资格的技术人员编制非标准方法，并组织技术人员进行技术审查。经批准的非标准方法应受控管理，所有相关材料应归档管理。

5．允许偏离的标准方法的控制

允许偏离的标准方法应经验证，编制偏离标准的作业指导书，经审核批准后方可使用，出现下列情况时，标准方法允许偏离。

（1）通过对标准方法的偏离（如试验条件适当放宽，对操作步骤适当简化）以缩短检测时间，且这种偏离已被证实对结果的影响在标准允许的范围内。

（2）对标准方法中某一步骤采用新的检测技术，能在保证检测结果准确度的情况下，提高效率，或能提高原标准方法的灵敏度和准确度。

（3）由于实验室条件的限制，无法严格按标准方法中所述的要求进行检测，不得不做偏离，但在检测过程中同时使用标准物质或参考物质加以对照，以抵消条件变化带来的影响。

（六）设施与环境

1．设施配置

实验室应有满足制样、前处理、化学分析和仪器分析、报告编写等各项工作需求的基本设施，具有适合实验室现有及发展规模的工作场地，以确保检测工作的正常进行和开展。实验室设置应满足相关技术法规和标准的要求，满足符合仪器设备对环境条件的要求，满足能保障操作人员安全和健康的需求。应特别关注以下4个方面。

（1）相应规格级别的实验室用水应满足《分析实验室用水规格和试验方法》（GB/T 682—2008）的要求。实验室用水不合格会造成检测结果的偏离，乃至出现错误结果。实验过程中产生的废液应收集到指定场所统一处理，下水道宜使用耐腐蚀的材料。需要严格防潮的场所（如天平室）不应有上、下水口。电源应有足够的容量，使其能够承受实验场所所有设备同时启动的用电负荷，根据仪器要求安装稳压系统、不间断电源、接地电阻等安全保护装置。

如测定饲料中钙含量，实验室用水不能满足三级水要求时，若水中的钙离子、镁离子含量过高，水中的钙离子就会和样品中钙一起参与反应，影响测定结果。虽然在测定过程中，一般要减掉试剂空白值，但是这部分试剂空白值是滴定过程中的空白值，不能代替样品定容过程水中钙离子对测定结果的影响，因此钙离子、镁离子超标的实验用水会使钙离子测定结果偏高。在实际测定中，要做水的空白值，若空白值不能满足要求时，则要对实验用水进行重新处理。

（2）有温湿度要求的实验场所应安装空调、除湿机，需要低温保存的物品应配备冰箱、冷柜。实验室应有足够的通风橱，使所有会产生有害气体的操作都在通风橱内进行。风机的功率应达到良好排气效果，同时可设计自然通风和安装排风扇，以保持换气和通风。

如温度对测定赖氨酸盐酸盐含量的影响：赖氨酸盐酸盐含量的测定用高氯酸标准滴定溶液进行滴定，高氯酸标准滴定溶液以冰乙酸为溶剂，冰乙酸受温度影响膨胀系数很大。高氯酸标准滴定溶液须在20℃下进行滴定分析。若环境温度不在20℃时，要调节环境温度到20℃，且高氯酸标准滴定溶液须在20℃环境下平衡数小时，以免滴定体积受温度影响，保证滴定体积及结果的准确性。

（3）实验室的内墙、地面和天花板都应采用惰性材料或覆盖高聚物涂层，操作台桌面应采用耐酸碱且防火的材料。实验室应安装必要的通信网络系统，使实验室运用计算机程序实现流程控制、数据传递、信息共享和统计分析等电子化管理。

（4）实验室应配备处理紧急事故的装置、器材和物品：烟雾自动报警器、紧急喷淋装置、洗眼器、灭火器材、防护用具和急救药箱等。

2. 环境条件

实验室应对开展检测工作的场所进行合理科学布局，任何相邻区域的工作都不应有相互干扰的因素。对可能产生相互影响的工作试验场所应进行有效隔离，采取措施防止相互影响和交叉污染的发生。

（1）仪器室的环境条件应满足仪器的正常工作需要，对有温湿度控制要求的仪器室进行温湿度监控，配备监控设施并记录。

（2）进行感官评定和物理性能项目的检测场所、化学分析场所和试样制备及前处理场所应具备良好采光、有效通风和适宜的室内温度，应采取措施防止因溅出物、挥发物引起的交叉污染。

（3）天平室应防震、防尘、防潮，保持洁净。

（4）放置烘箱、高温电阻炉等高温室应具备良好的换气和通风。

（5）试剂、标准品、样品存放区域应符合其规定的保存条件，冷冻、冷藏区域应进行温湿度监控并做好记录。

三、检验结果评价

为保证检验结果的准确性，可选用一系列的方法和措施对检验结果进行科学合理的验证和评价。

（一）对检验过程进行检查

1. 检查检测方法的科学性

在具体的检测过程中，要分析检测方法的科学合理性。例如，在检测饲料中总磷含量时，用的是《饲料中总磷的测定　分光光度法》（GB/T 6437—2002），它适合检测磷含量在 0.5% 左右的样品，如果用分光光度法检测磷酸氢钙中的总磷（含量在 18% 左右），误差就会比较大。又如按《饲料中粗纤维的含量测定》（GB/T 6434—2022）测定样品中的粗纤维含量，如果报告的结果为 5 g/kg，则这个结果是不可靠的，因为GB/T 6434—2022 明确规定过滤法适用的是粗纤维含量大于 10 g/kg 的饲料。

2. 检查检测标准的适用性

检查检测所使用标准的适用范围，看是否覆盖所检测的样品。例如，油籽和油籽残渣中脂肪的测定就不能使用《饲料中粗脂肪的测定》（GB/T 6433—2006）的方法。又如《饲料中水分的测定》（GB/T 6435—2014）的方法就不适合测定谷物和玉米中的水分。

3. 检查检测过程的偏离性

检查检测过程对所依据的检测方法是否有偏离。如《饲料中水分的测定》（GB/T 6435—2014）要求电热鼓风干燥箱的温度需控制在（103±2）℃ 的范围内，称量瓶要求使样品铺开约 0.3 g/cm^2，且带盖。在检测过程中，就要确保所使用的温度和称量瓶及其方法与要求相一致。如果检测过程中出现了偏离所依据方法的情况，就要对偏离做验证工作，来表明方法偏离对检测结果没有影响。

4. 检查使用材料的正确性

检查检测过程中所使用的仪器、试剂是否符合要求。如《饲料中粗蛋白的测定凯氏定氮法》（GB/T 6432—2018）中规定硫酸为化学纯，硫酸铵为分析纯，分析天平感量为 0.000 1 g。在检测前要认真检查、核对仪器和试剂，确保它们符合方法要求。例如，在 GB/T 6432—2018 中，要求称取蔗糖 0.5 g，代替试样做空白值，消耗0.1 mol/L盐酸标准滴定溶液的体积不得超过 0.2 mL，如果空白值大于 0.2 mL，则测试结果可能存在问题，需要查找试剂、仪器等的原因。

5. 检查操作步骤的规范性

准确、规范的操作是保证检测结果准确最重要的方面之一，要严格按照方法操作，不允许出现简化、省略检测过程和步骤的情况，更不允许出现错误的操作。例如，乳制品粗脂肪的测定就不能省略掉水解的步骤。再如《饲料中钙的测定》（GB/T 6436—2018）乙二胺四乙酸二钠络合滴定法就不能省略掉掩蔽剂等的准确添加。

6. 检查数据处理的合理性

检测过程的中间数据要记录清晰、规范，读数时最小刻度后要再估读一位，结果运算过程中要按照修约规则进行合理的数值修约。当检出结果低于检出限，应在检验报告中提供检出限的数值。如果报告的结果是用数字表示的数值，应按照方法标准的规定进行表述，当方法标准没有相关规定时，依照有效数值修约的规定表述。

（二）对检验结果进行验证

主要是对样品的最终检验结果是否符合相关规定进行验证，常用的方法有以下几种。

1. 与有资质的检测机构进行结果比对

按照检验方法标准的规定进行样品制备，充分混合均匀，平均分成两份，一份自己检测，一份送有资质的检测机构进行委托检验，对两者的检验结果进行比较分析，判断结果是否符合相关方法或标准的要求（按照再现性限标准进行判定或用 E_n 值来判定），来对实验室的检测结果进行评价。

2. 与标准物质进行比对

用标准物质检查系统误差，使测定结果与标准物质的量值相联系，标准物质通过溯源性可以溯源到国家基准，从而使测定结果具有溯源性。因此，用标准物质检查系统误差是最可靠的。

在测定样品时，同时用标准物质进行全过程检测。如果测得的标准物质的量值在一定的置信度下与标准物质的标准值相符，说明测定方法和测量过程不存在系统误差，测定结果是可靠的。反之，如果测得标准物质的量值在一定的置信度下与标准物质的标准值不相符，表明测定方法或测量过程，或测定方法和测量过程同时存在系统误差，测定结果是不可靠的。结果的最终判定可利用 E_n 值：

$$E_n = \frac{x_{LAB} - x_{REF}}{\sqrt{U_{LAB}{}^2 + U_{REF}{}^2}} \qquad (1-1)$$

式中：x_{LAB} 是实验室对标准物质的检测值；x_{REF} 是标准物质的参考值；U_{LAB} 是实验室检测的不确定度；U_{REF} 是标准物质报告的不确定度。U_{LAB} 和 U_{REF} 的置信水平为95%，对于一个结果，可接受的一个 E_n 比率（也称 E_n 值）应在 $-1 \sim +1$，即 $|E_n| \leq 1$（越接近0越好）。

3. 不同方法间的比对

因测定的样品种类繁多，而标准物质种类有限，实际中并不总能找到基质、量值与被测定样品相匹配的标准物质。所以，常用的可靠且较容易实现的方法是用公认的、可溯源的标准方法与使用的新方法进行比对，以验证新方法结果的可靠性。

用标准方法和新方法同时测定同一样品，比较两种方法的结果在一定的置信度下是否存在显著性差异，可用成对 t 检验法进行统计检验。检验时使用的统计量 t 如式（1-2）所示。

$$t = \frac{|d - d_0|}{S_d} \sqrt{n} \qquad (1-2)$$

式中：d 是两种方法测定同一样品的差值的平均值；d_0 是两种方法测定同一样品的差值的期望值，在测定值遵循正态分布的情况下 $d_0 = 0$；S_d 是两种方法测定差值的标准偏差；n 是成对数据的数目，若计算的统计量值 t 小于显著性水平 $\alpha = 0.05$（置信度95%）时的临界值 $t_{0.005,f}$，表明两种方法的测定结果在一定置信度下不存在显著性差异，新方法的结果是可靠的，反之则证明新方法不可靠。

4. 加标回收

通过加标回收评价结果的准确性，加标回收率的测定，是实验室内经常用以自控的一种质量控制技术。

在检测样品时，可以同时做空白加标回收或样品加标回收，看回收率是否满足方法的要求，以确定检测结果的准确性。

（1）空白加标回收。在没有被测物质的空白样品基质中加入定量的标准物质，按样品的处理步骤分析，得到的结果与理论值的比值即为空白加标回收率。

（2）样品加标回收。相同的样品取两份，其中一份加入定量的待测成分标准物质；

两份同时按相同的分析步骤分析，加标的一份所得的结果减去未加标一份所得的结果，其差值同加入标准的理论值的比值即为样品加标回收率。

$$加标回收率(\%) = [(加标试样测定值-试样测定值)÷加标量] \times 100 \qquad (1-3)$$

做加标回收时要注意以下事项。

①同一样品的两份取样体积必须相等。

②同一样品的两份测定过程必须按相同的操作步骤进行。

③加标量不能过大，一般为待测物含量的 0.5~2.0 倍；且加标后的总含量不应超过方法的测定上限。

④加标用的标准溶液浓度宜较高，所加的体积应很小，一般以不超过原始试样体积的 1% 为好。

⑤常量成分加标回收率一般要求在 95%~105%，微量成分加标回收率一般要求在 80%~120%。

5. 留样复测

留样复测是指用同一测试方法、对同一样品、在同一实验室、由同一操作者、使用相同设备、在一定的时间间隔内相互独立进行的测试。留样复测的结果可按照方法规定的再现性限要求进行判定。

6. 人员比对

人员比对是指用同一测试方法、对同一样品、在同一实验室、由两个及以上操作者、使用相同设备、并在短时间间隔内相互独立进行的一次或多次测试。人员比对的结果可按照方法规定的再现性限要求进行判定。

7. 统计分析（多个实验室间比对）

多个实验室间结果的比对（如集团公司内部各实验室、行业内不同公司之间等情况）就不能采用前面所述的几种方法。对这样的比对，要按照以下方式进行结果分析。

进行实验室间比对时，组织者先确定好结果统计分析的规则（可参照 CNAS-GL02：2006《能力验证结果的统计处理和能力评价指南》的要求或其他的统计方法），然后将制备好的样品（需进行均匀性和稳定性测试，可参照 CNAS-GL03：2006《能力验证样品均匀性和稳定性评价指南》的要求进行）分发到各参加实验室，参加者按照组织者的要求检测样品，数据汇总上报组织者；组织者根据确定好的规则对所有上报的结果进行统计分析，换算成能力统计量以综合评价参加者的检测能力，比对报告可参照 CNAS T0497《水中铅、镉和砷检测能力验证计划结果报告》进行编写。

常用的能力统计量有 Z 比分数和 E_n 值。关于 Z 比分数、E_n 值的计算和测量不确定度的相关知识可参考 CNAS-GL02：2006《能力验证结果的统计处理和能力评价指南》和 CNAS-GL06《化学分析中不确定度的评估指南》。

某些实验室出具的数据，在实验室间比对中为离群结果，但可能仍在其相关标准规定的允许误差范围之内。鉴于此，利用实验室间比对的结果来对实验室的能力进行判定时，通常不做"合格"与否的结论，而是使用"满意/不满意"或"离群"的概念。

第三节　饲料检测室相关标准

　　饲料检测室主要包括理化实验室和微生物实验室，理化实验室的标准《实验室质量控制规范　食品理化检测》（GB/T 27404—2008）（见附件一）和微生物实验室的规定《药品微生物实验室质量管理指导原则》（见附件二），对实验室的标准做了详细的规定和要求。

第二章　饲料样品的采集、制备与保存

在饲料的检验分析中，样品的采集和制备是两个非常重要的关键环节，如果这两个环节出现问题，即使检验结果再准确也将毫无意义。采集的样品要能够代表总体物料的所有特性，并能够满足检验需要的数量和质量。

第一节　饲料样品的采集

本节内容参照《饲料　采样》（GB/T 14699—2023）（见附件三）编写。

一、术语及定义

1. 采样
在大量产品（分析对象）中抽取具有代表性样品的过程叫采样。

2. 采样检验
采样检验就是通过分析采得的样品来对总体物料的产品质量做出评价和判断。

3. 交付物
一次给予、发送或收到的某个特定量的饲料的总称。它可能由一批或多批饲料组成。

4. 批（批次）
假定特性一致的某个特定量的交付物的总称。

5. 份样
一次从一批产品的一个点所取得的样品。

6. 总份样
通过合并和混合来自同批次产品的所有份样得到的样品。一般不少于 2 kg。

7. 缩分样品
总份样通过连续分样和缩减过程得到的数量或体积近似于试样的样品，具有代表总份样的特征。

8. 实验室样品
缩分样品中的部分样品，送往实验室供检验或测试的样品，能够代表该批产品的质量状况。一般将缩分样品混合均匀后分成 3~4 份实验室样品，每份不少于 0.5 kg。一份提交检验，至少一份留样保存用于复核或备查。

9. 试样
从试样中取得的（如果试样与实验室样品两者相同，则从实验室样品中取得），并用于检测或观测的一定量的物料。

二、采样人员

采样人员应该熟悉饲料相关法规及专业知识，有《饲料　采样》（GB/T 14699—2023）相应培训经历，了解采样方案和目的，并有一定的饲料采样经验。采样人员应意识到并尽可能避免或减少采样过程可能涉及的危害及危险。采样人员一般要求至少2人。

三、采样工具

采样工具的材质不应与饲料发生任何反应，不影响饲料样品的质量，易于清洁和干燥，使用方便。

1. 固态产品采样工具

不锈钢铲子、勺子或取样钎子等。

2. 液态产品采样工具

适当大小的搅拌器、取样瓶、取样管和长柄勺等。

3. 机械采样工具

从流动的产品中周期采样可以使用认可的设备。速度较高的流动产品采样可以通过手工控制机器来完成。

采样、缩分样、装样和封样时，应确保样品的特性不受影响。采样工具应清洁、干燥。在抽取不同的样品之间，采样工具应完全清洁，当被抽取的样品含油量高或易吸潮时尤其重要。抽取微生物样品或检测微生物的样品时，采样人员应戴一次性手套，不同样品间应更换手套，以防止污染随后抽取的样品。

四、采样方法

1. 谷物、种子以及颗粒和粉状物料的采样

采集袋装（或桶装）物料时，用钎子或其他合适的工具，在每袋（或桶）上按一定的方向，插入一定深度取定向样品。不管是水平还是垂直，都必须经过包装物的对角线或者表面、中间、底部。如果上述方法不合适，则将包装物打开，将物料倒在干净、干燥的地方，混合后取其一部分作为份样。

采集散装静止物料时，根据物料的大小和均匀程度，随机选取每个份样的位置，这些位置既覆盖产品的表面，又包括产品的内部，用勺、铲或钎子，从物料的一定部位或沿一定方向采取部位样品或定向样品。采集散装运动物料时，用自动采样器或其他适合工具从皮带运输机或物料的落流中，按一定时间间隔在运动中的某一截面抽取份样。

将多个份样混合缩分成3~4份的实验室样品，每份实验室样品不少于0.5 kg。

2. 块状、砖状等物料的采样

如果舔砖、舔块较小，则整个舔砖、舔块作为一个份样。如果舔砖、舔块较大，则需要把舔砖、舔块打碎，抽取部分作为份样。将多个份样混合缩分成3~4份的实验室样品，每份实验室样品不少于0.5 kg。

3. 液态产品的采样

如果产品储存于罐（或类似容器）中，采样前要用适当的容器从表面到内部搅动混合，使其均匀，以保证获得有代表性的样品。如果采样前不能或者无法搅动，则在产品装罐或卸罐过程中采样。如果采样前不能进行混合，则每个罐至少在不同的方向、两个层面取 2 个份样。将所有份样充分混合取其中部分形成缩分样，最后将其分成 3~4 个实验室样品，每个实验室样品不少于 0.5 L。

五、采样的数量与质量

（一）谷物、种子以及颗粒和粉状样品

对于袋装的产品，批次量是由包装袋的数量和包装袋的容量决定的。对于散装的产品，批次量是由盛该散装产品的容器数量决定的，或由满装该产品的容器的最少数量决定。如果一个容器内装的产品量已经超过一个批次产品的最大量时，该容器内产品即为一个批次。如果批次散装产品形态上出现明显的分级，则需要分成不同的批次。

1. 份样数量

对于储存于罐或类似容器的产品，随机选择份样的最小数量见表 2-1。

表 2-1　储存于罐容器产品的份样的最小数量

批次的重量（m）/t	份样的最小数量
≤2.5	7
>2.5	$\sqrt{20\,m}$，不超过 100

如果产品包装于袋中，随机选择份样的最小数量如下所示。

（1）如果总量小于 1 kg，随机选择份样的最小数量见表 2-2。

表 2-2　袋装产品份样最小数量（总量小于 1 kg）

批次的包装袋数（n）	份样的最小数量
1~6	每袋取样
7~24	6
>24	$\sqrt{20n}$，不超过 100

（2）如果总量大于 1 kg，随机选择份样的最小数量见表 2-3。

表 2-3　袋装产品份样最小数量（总量大于 1 kg）

批次的包装袋数（n）	份样的最小数量
1~4	每袋取样

批次的包装袋数（n）	份样的最小数量
5~16	4
>16	$\sqrt{20n}$，不超过 100

2. 样品质量

根据批次产品总量的不同，采集的份样质量也不同，具体见表2-4。

表2-4 产品批次总量与采样份量及实验室样品量

批次产品总量 A/t	最小的总份样量 /kg	最小的缩分样量 /kg	最小的实验室 样品量/kg
≤1	4	2	0.5
1<A≤5	8	2	0.5
5<A≤50	16	2	0.5
50<A≤100	32	2	0.5
100<A≤500	64	2	0.5

注：当总量≤1 t 时，至少需要 16 kg 的样品满足 4 个实验样品采样。

（二）液体样品

1. 份样数量

随机选择份样时，最小份样的数量规定如下。

（1）液体散装产品最小份样的数量规定见表2-5。

表2-5 液体散装产品最小份样的数量规定

批次的产品量		份样的最小数量
重量/t	体积/L	
≤2.5	≤2 500	4
>2.5	>2 500	7

（2）对于储存量不超过 200 L 的产品，采样时抽取的容器的数量计算如下。

①容器体积不超过 1 L（含 1 L），采样时抽取的容器的数量见表2-6。

表2-6 容器体积不超过 1 L（含 1 L）最小份样的数量规定

批次内含的容器数（n）	最小的抽取容器数
≤16	4
>16	$\sqrt{2n}$，不超过 50

②如果容器体积超过 1 L（不含 1 L），采样时抽取的容器的数量见表 2-7。

表 2-7　容器体积超过 1 L（不含 1 L）最小份样的数量规定

批次内含的容器数（n）	最小的抽取容器数
1~4	逐个取样
5~16	4
>16	$\sqrt{n}$，不超过 50

2. 样品质量

根据批次产品总量的不同，采集的份样质量也不同，具体见表 2-8。

表 2-8　产品批次总量与采样份量及实验室样品量

最小的总份样量		最小的缩分样量		最小的实验室样品量	
重量 /kg	体积 /L	重量 /kg	体积 /L	重量 /kg	体积 /L
8	8	2	2	0.5	0.5

注：产品批次总量至少需满足 4 个实验室样品，即 32 kg。

六、采样单

采样的同时填写采样单，采样单应包括以下内容。

（1）采集样品的名称。

（2）采集样品的产品代号、样品编号、追踪代码等唯一性标识。

（3）采集样品的质量、基数。

（4）采集样品的生产日期、保质期。

（5）采样人、采样日期。

第二节　饲料样品的制备

本节内容参照《动物饲料　试样的制备》（GB/T 20195—2006）（见附件四）编写。

一、制备原则

（1）实验室样品中各组分以相同的概率进入最终试样。

（2）样品制备过程中不破坏样品的代表性，不改变样品的组成，不使样品受到污染或损失。

（3）在检验允许的条件下，为了不加大采样误差，在缩减样品的同时缩减粒度。

（4）应根据待测样品的特性、实验室样品质量和粒度确定样品制备的步骤和方法。

从上述原则出发，本节只介绍一般易于研磨不易失水的饲料，不包括膏状饲料、液态饲料和冷冻饲料等。

二、制备方法

实验室样品交接完成后，一般不能直接用于检测。如果样品的细度能够完全满足检测参数的要求，则将之充分混合。用分样器或四分装置逐次分样直至得到需要量的试样。如果实验室样品的细度不能满足检测参数的要求，将按以下步骤操作。

实验室样品经过分样器或四分装置混合及缩分，再经过破碎、过筛和混合等，得到最终代表性样品即试样。

1. 缩分

缩分是制样的关键程序，目的在于减少试样量。试样缩分可以用机械方法，也可用人工方法进行。人工缩分又分为二分器法、棋盘法、条带截取法、堆锥四分法和九点取样法等。缩分可以在任意阶段进行。

2. 破碎

颗粒较大的实验室样品，用粉碎磨、均质器、绞碎机、研钵、锤子或适当的设备处理成颗粒较小的样品。破碎的目的是增加试样颗粒数，减小缩分误差，同样质量的试样，粒度越小，颗粒数越多，缩分误差越小，但粉碎消耗时间、体力和能量，而且会造成试样损失、水分损失。因此，制样时不应将大量大粒度试样一次性粉碎到试验试样所要求的粒度，而应采用多阶段粉碎缩分的方法来逐渐减小粒度和试样量，但缩分阶段也不宜过多。

粉碎机的出料粒度取决于机械的类型及破碎口尺寸（颚式、对辊式）或速度（锤式、球式）。粉碎机要求破碎粒度准确，粉碎时试样损失和残留小；用于制备易发热和黏结性等样品的破碎机，更要求产热和空气流动程度尽可能小。制备有粒度范围要求的特殊试验样时应采用逐级粉碎法。

3. 过筛

样品在机械研磨过程中，并非所有的颗粒都是同步研磨的，其颗粒大小在很大范围内变动。为了加快机械研磨速度，在对样品研磨前和研磨过程中用一定孔径的标准分析筛过筛一遍，将筛上物进行研磨，这样可以有效地加快研磨速度。应注意的是，任何时候都不能随意弃去筛上物。

4. 混合

根据样品量的大小，用手铲或合适的机械混合装置来混合研磨过的样品。注意筛上物和筛下物要共同混合，使其均匀一致。

对于需要特殊细度（通过 1.00 mm 或更小孔径的标准分析筛）的样品，需要进一步研磨，直至达到规定的细度要求；如样品含有较高的脂肪，有时需要预先抽提脂肪；如样品需要检测微生物指标，则应在无菌条件下进行制备。而有些情况下，样品应避免打碎或破坏，如测定颗粒的硬度。

制备样品可能会导致样品失水或吸水，所以整个制备过程应尽可能快，并尽可能少地暴露在空气中。如需要先将料块打碎或碾碎成适当大小，每步都应将样品充分混合。

三、样品容器

为满足测定需要，实验室样品应不少于100 g，将其放入样品容器中，立即密封。

1. 一般要求

装样品的容器应确保样品直至检测完成并到保存期满仍特性不变。样品容器的大小以样品完全充满容器为宜。容器应当始终封口，只有检测时才打开。

2. 清洁

样品容器应清洁、干燥、不受外界气味影响。容器材料应不影响样品的品质。

3. 固态样品容器

固态样品容器及盖子应由防水、防脂材料制成（如玻璃、不锈钢或合适的塑料等），广口，最好是圆柱形，并与所装样品量相适宜。合适的塑料袋也可以。容器应牢固并防水。如果样品用来检测维生素 A、维生素 D_3、维生素 K、维生素 B_1、维生素 B_2 和维生素 B_6 等对光敏感物质，容器还应不透明。

4. 液态样品容器

液态样品容器应由合适材料制成（最好是玻璃、不锈钢或合适的塑料），并要求容器内壁光滑、密闭性好、深色或棕色。如果样品用来检测维生素 A、维生素 D_3、维生素 K、维生素 B_1、维生素 B_2 和维生素 B_6 等对光敏感物质，容器也应不透明。

四、样品标识与储存

实验室样品的标识，应包括采集样品的名称、样品唯一性标识、样品质量、生产日期、采样日期和保质期等。将每个实验室样品装入密封袋或合适的容器中，在封口处盖章、签字或加封条，同时加贴标识。实验室样品的储存环境应与其产品标签上的储存环境条件和要求保持一致。储存中应保证样品的变化最小，特别要注意避免阳光直射。保证不打开封口就不能取出内容物。

第三章　常用器皿和仪器设备的使用

第一节　常用玻璃器皿与器具

玻璃器皿是饲料企业化验室在检测分析中常用到的工具，其透明度好，化学稳定性和热稳定性高，有一定的机械强度和良好的绝缘性能。含有高硼酸盐的玻璃烧杯、三角瓶等具有较高的热稳定性，耐酸性能好，可以直接用于加热溶液。含较低二氧化硅并含有一定量氧化锌的量筒、量杯、滴定管等玻璃器皿不能直接用于加热溶液。储存碱溶液最好不用玻璃试剂瓶。试验所用到的玻璃器皿种类繁多，本节只介绍常用的玻璃器皿和器具。

一、常用玻璃器皿

1. 烧杯

烧杯有高型烧杯和低型烧杯，低型烧杯主要用于溶液的配制、试液的加热等工作。

2. 三角烧杯

三角烧杯又叫锥形瓶或三角瓶，有的三角烧杯还刻有容积的近似值，其主要体积一般小至 50 mL，大至 5 000 mL，主要用于加热试液、分解试样等。

3. 具塞三角瓶和碘量瓶

这两种瓶子都带有固定的磨口塞，主要用于防止固体的升华和液体的挥发。在使用这种瓶子时如需加热，应将塞子打开，以防瓶子炸裂或冲开塞子溅出液体。常用的具塞三角瓶和碘量瓶有 100 mL、150 mL、250 mL、500 mL 4 种。碘量瓶一般为碘量法测定中专用的一种锥形瓶，也可用作其他产生挥发性物质的反应容器。碘量瓶的用法：加入反应物后，盖紧塞子，塞子外加上适量水作密封，静置反应一定时间后，慢慢打开塞子，让密封水沿瓶塞流入锥形瓶，再用水将瓶口及塞子上的碘液洗入瓶中。

4. 烧瓶

烧瓶分为平底烧瓶和圆底烧瓶。圆底烧瓶又分为厚口短颈圆底烧瓶和薄口长颈圆底烧瓶。使用时应注意，平底烧瓶不宜直接加热，圆底烧瓶则可以，但不宜立即冷却。这类烧瓶最小的 50 mL，最大的 1 000 mL。

二、常用玻璃器具

1. 滴定管

滴定管分为酸式和碱式两种。酸式滴定管的下端是一个磨口旋塞，碱式滴定管的下端是一段橡皮管，内装玻璃珠，主要用于酸、碱滴定的容量分析中。近年来，又出现了聚四氟乙烯酸碱两用滴定管，其旋塞是用聚四氟乙烯材料做成的，耐腐蚀，不用涂抹凡士林，密封性好。本节主要介绍酸式滴定管和碱式滴定管的洗涤和使用方法。

根据不同用途，滴定管又可分为常量滴定管、微量滴定管、自动加液滴定管等。在颜色上有棕色和白色两种。常量滴定管常见的规格有 20 mL、25 mL、50 mL 和 100 mL，微量滴定管常见的规格有 1 mL、2 mL、3 mL、5 mL 和 10 mL。

滴定管的使用方法如下。

（1）滴定管的准备。

①洗涤。无油污的酸式滴定管，可直接用自来水冲洗，若有油污，则用铬酸洗液洗涤。每次于滴定管中倒入 10~15 mL 铬酸洗液。两手平持滴定管，并不断转动，直到洗液布满全管为止，然后打开旋塞，将洗液放回原瓶中，滴定管先用自来水冲洗，再用蒸馏水润洗几次。若油污严重，可倒入温热的洗液浸泡一段时间，然后按上述方法洗涤干净。滴定管的内壁应完全被水均匀润湿不挂水珠。对于碱式滴定管的洗涤，由于铬酸洗液不能接触橡皮管，可将碱式滴定管的出口管除去，倒立于装有铬酸洗液的烧杯中，橡皮管接在抽水泵上，打开抽水泵，轻捏玻璃珠，待洗液徐徐上升到淹没刻度部分即停止。让洗液浸泡一段时间后，将洗液放回原瓶中，然后用自来水冲洗滴定管，并用蒸馏水润洗几次。

②检查活塞转动是否灵活和试漏。滴定管洗净后，首先要检查活塞转动是否灵活，然后再检查是否漏水。如不合要求，则取下活塞，用吸水纸将活塞槽内擦干净，用手指蘸少许凡士林，在活塞的两头，涂上薄薄的一层，涂在活塞孔两旁的凡士林应少些，以免凡士林堵住活塞孔。另外一种涂凡士林的方法，是在活塞的粗端和活塞槽的细端，分别在两端距中间孔部分涂上一薄层凡士林，将活塞套紧旋转，这样，当将活塞套入时，可避免出水孔不慎触及细端上的凡士林而堵塞。把活塞插入活塞槽内，向同一方向转动活塞，观察活塞与活塞槽接触的地方是否呈透明状态，转动是否灵活，并检查活塞是否漏水。如不合要求则需重新涂凡士林。检查活塞是否漏水时，可在滴定管内装入蒸馏水至"0"刻度以上，把滴定管垂直夹在滴定管架上，放置约 2 min，观察有无水滴滴下，缝隙中是否有水渗出，然后将活塞转动 180°再观察一次，待无漏水现象后，用橡皮圈将活塞固定好（以防活塞脱落打碎）即可使用。对于碱式滴定管应选择大小合适的玻璃珠和橡皮管，并检查滴定管是否漏水，液滴是否能够控制，如不合要求则重新装配。

③装标准滴定溶液。为了保证装入滴定管的标准滴定溶液不被管内残留的水稀释，在装标准滴定溶液之前，先用该溶液润洗 2~3 次（每次 7~8 mL），洗好后即可装入标准滴定溶液。装好标准滴定溶液后，要注意将出口管处的气泡排尽，否则在滴定过程中，气泡将溢出，影响溶液体积的准确测量。对于酸式滴定管可迅速转动活塞，使溶液很快冲出，将气泡带走；对于碱式滴定管，可将橡皮管向上弯曲 90°左右，然后捏玻璃珠使溶液从玻璃珠和橡皮管之间的缝中流出，就可将管下端的气泡赶走。滴定时，应捏玻璃珠的上半部，否则在滴定过程中会有气泡生成。

（2）滴定管的读数。

滴定分析法主要误差来源之一，是滴定管读数不准确，为了正确读数，应遵守下列原则。

①读数时滴定管应垂直，注入标准滴定溶液后需等待 1~2 min 后才能读数。

②溶液在滴定管内的液面呈弧形液面最低处相切之点，读数时，视线必须与弧形液面处在同一水平面上，否则将引起误差。对于有色溶液，读数时，视线应与液面两侧的最高点相切。

③"蓝带"滴定管中溶液的读数与上述方法不同。无色溶液有两个弯月面相交于滴定管蓝线的某一点，读数时，视线应与此点在同一水平面上。如为有色溶液，视线应与液面两侧的最高点相切。

④每次滴定前应将液面调节至"0"刻度，这样可固定在某一段体积范围内滴定，减少由滴定管刻度不准确而引起的系统误差。

（3）滴定。滴定最好在锥形瓶中进行，必要时也可在烧杯中进行。滴定的操作方法是：用左手控制滴定管的活塞（或橡皮管中的玻璃珠），大拇指在前，食指和中指在后，手指略微弯曲，轻轻向内扣住活塞，手心空握，以免活塞松动，甚至可能顶出活塞。右手握持锥形瓶，边滴边摇动，向同一方向做圆周旋转，而不能前后振动，否则会溅出溶液。滴定速度应先快后慢，滴出液体不能呈线流下，滴定近终点时，应一滴或半滴地加入，直到溶液变色为止。为了便于判断终点颜色的变化，可以在锥形瓶（或烧杯）下放一白瓷板或白纸。

2. 量筒和量杯

主要用于量取体积要求不太精确的液体，两者的主要区别在于量筒是圆柱体，量杯是一个倒立的圆锥体。对于同体积的量筒和量杯来说，量筒的精度优于量杯。常见的规格有 5 mL、10 mL、20 mL、25 mL、50 mL、100 mL、250 mL、500 mL、1 000 mL、2 000 mL、5 000 mL。

3. 容量瓶

容量瓶也称量瓶，是常见的定容器具，常用于标准溶液和试样溶液的定容。常见的容量瓶有 2 mL、5 mL、10 mL、25 mL、50 mL、100 mL、250 mL、500 mL、1 000 mL、2 000 mL。100 mL 以下的容量瓶常用于试样溶液的定容，250 mL 以上的容量瓶常用于配制标准溶液。容量瓶有白色和棕色两种，对于见光易分解的溶液应用棕色容量瓶来定容。

4. 移液管

主要用于量取体积要求比较精确的液体，分为无分度和有分度两种。无分度移液管的形状为上下两部分有较细的管径，中间为大肚，上部刻有环形标线，又叫大肚移液管。有分度移液管为上下管径均匀一致、有分度值标线的直管。这两种移液管常见的规格有 1 mL、2 mL、5 mL、10 mL、20 mL、25 mL 和 50 mL 等多种。

三、其他器皿和用具

1. 广口瓶和小口瓶

广口瓶和小口瓶主要用来存放试剂和溶液，有无色和棕色两种，棕色试剂瓶主要用来装盛见光易分解的试剂和溶液，规格小至 30 mL，大至 20 000 mL。其瓶口有磨口和不磨口两种，不磨口的试剂瓶多用来盛碱性和易结晶的溶液，多用橡皮塞或软木塞。试剂瓶不能加热，也不能骤冷或骤热，以免破裂。

2. 滴瓶

滴瓶是一个带磨口玻璃滴管和橡皮头的小口瓶，多用于存放少量溶液。有无色和棕色两种，棕色瓶多用来存放对光不稳定的溶液。规格有 30 mL、60 mL 和 125 mL 3 种。

3. 普通试管

普通试管有平口和磨口两种，它们主要用于定性试验，可直接在酒精灯上加热，在加热时要用试管夹夹住试管，管身稍微倾斜，注意管口不要对准人，以防液体沸腾冲出造成烫伤事故。最小的试管一般为 10 mm。试管的规格一般用"外径×长度"表示。

4. 离心管

离心管是尖底或圆底卷口的试管，有的还带有刻度，它主要用于沉淀和杂质的离心分离。常用的规格有 1.5 mL、5 mL、10 mL、15 mL、25 mL、50 mL、80 mL 和 100 mL 等，材质有玻璃和塑料两种。

5. 比色管

比色管分具塞和无塞两种。常用的比色管有 10 mL、25 mL、50 mL。主要用于目视比色分析，要选厚度、粗细、刻度线一致的比色管来进行，以降低比色分析时的分析误差。不要用去污粉和较硬的毛刷去洗涤比色管，以防止比色管的玻璃变毛。

6. 表面皿

表面皿多用于定性分析和烧杯加热溶液时作烧杯盖。它的规格由其直径的大小决定，常见的有 45 mm、50 mm、60 mm、70 mm、80 mm、90 mm 和 100 mm 等。

7. 坩埚

坩埚因所用材料不同分为磁坩埚、铁坩埚、石墨坩埚、镍坩埚、银坩埚、金坩埚和铂金坩埚等。其型号以体积表示，常见的有 25 mL、30 mL 和 50 mL，主要用于试样的高温灼烧和分解。在用坩埚分解试样时，要选用在分析过程中不会影响被测组分含量的坩埚。如检测铁时就不能用铁坩埚，使用贵重金属坩埚时要注意不要和王水（硝酸和盐酸的混合物）接触，以免损伤坩埚。

8. 干燥器

干燥器是一个下层放有干燥剂，中间用带孔的瓷板隔开，上层放有待干燥物品的玻璃器皿。有普通干燥器和真空干燥器两种。真空干燥器的盖上带有一个活塞，供抽真空时用。干燥器常用于重量分析和平时存放基准试剂。它的规格一般用其外径的大小表示，常见的有 100 mm、150 mm、180 mm、210 mm 和 240 mm 等。新干燥器使用前要在其口上涂上一层凡士林，然后盖上盖子来回推转几次，使凡士林涂抹均匀。在开启干燥器时，应固定干燥器的下部，然后水平朝前用力推盖子。干燥器内干燥剂一般是变色硅胶或无水氯化钙，也可用浓硫酸，但由于浓硫酸不安全，一般都采用前两者。在使用过程中，应注意及时更换干燥剂。

9. 称量瓶

称量瓶用于测定水分，在烘箱中烘干样品时不能将磨口塞子盖严，磨口塞要保持原配。

10. 滴定台和滴定架

用于放置滴定管的架子，一般底板为大理石、玻璃或白瓷板等，与蝴蝶夹配合使用来固定滴定管。

四、玻璃器皿的洗涤和保管

1. 玻璃器皿的洗涤

玻璃器皿洗涤得是否洁净，对检验结果的准确度和精密度有直接的影响，因此洗涤器皿是检验工作中很重要的一个环节。一般来说，要求数据不太精确（如精确度要求在1%以上），定性试验或配制一般的试剂，只要把器皿用皂液、去污粉洗涤，用自来水冲洗干净，再用蒸馏水冲洗2~3次即可。如果是定量分析试验，精密度要求小于1%时，应严格地按规定操作程序洗涤器皿。

（1）用水刷洗。先用肥皂液把手洗净，然后用不同形状的毛刷，如试管刷、烧杯刷、滴定管刷等，刷洗器皿里外表面，用水冲去可溶性物质，刷掉表面吸附的灰尘。

（2）用电液、合成洗涤剂刷洗，先水洗、后用毛刷蘸皂液、洗涤剂等刷洗，边刷边用水冲。用自来水冲干净后，再用蒸馏水冲洗3次以上。洗干净的玻璃器皿里，应该以壁上不挂水珠为准，蒸馏水冲洗后，残留水分用pH试纸检验，应为中性。蒸馏水冲洗时应按少量多次原则，即每次用少量水，分多次冲洗。每次冲洗应充分震荡后，倾倒干净，再进行下一次冲洗。

注意像容量瓶、滴定管、移液管、量杯和量筒等用于准确量取溶液体积的玻璃器皿，不能用毛刷刷洗内壁。

2. 玻璃器皿的干燥和保管

（1）玻璃器皿的干燥。试验中经常使用的器皿，在每次试验完毕后必须洗净，倒置控干备用。用于不同试验的器皿对干燥有不同要求。一般无机分析中用的三角瓶、烧杯等，洗净后即可使用；而用于有机分析的器皿一般都要求干燥。常用的干燥方法有以下几种。a. 倒置控干：这是一种简单易行、省钱、省力、适用范围广的干燥方法。b. 烘干：洗净的器皿控出水分后，放入烘箱，在105~110 ℃烘1 h左右，也可放入红外干燥箱内烘干。称量用的器皿如称量瓶等，在烘干后放在干燥器内冷却和保存。实心玻璃塞、厚壁器皿烘干时要缓慢升温且温度不可太高，以免炸裂。特别注意滴定管、移液管、容量瓶、量杯和量筒等玻璃器具不可在烘箱中烘干。

（2）玻璃器皿的保管。洗净、干燥的玻璃器皿要按照试验要求妥善保管，如称量瓶要保存在干燥器中，滴定管要倒置于滴定架上，比色皿和比色管要放入专用盒内或倒置在专用架上，带磨口的器皿如容量瓶等要用皮筋把塞子拴在瓶口处，以免互相弄乱。

第二节　常用的仪器设备

一、分析天平

1. 分析天平

分析天平是定量分析中不可缺少的称量工具，按结构分为机械天平和电子天平两种，以杠杆原理构成的为机械天平，使用电磁力平衡原理直接显示质量读数的为电子天平。根据称量范围的不同分为常量分析天平、微量分析天平和半微量分析天平。目前，我国大部分饲料企业都使用电子天平。

2. 原理

无论是哪一种天平，其基本原理是相同的。根据物理学中的杠杆平衡原理，当杠杆两边的力矩相等时，杠杆保持平衡。天平在称量时实际是一个保持平衡的杠杆，此时被称量的物质等于砝码的重量。

3. 称量范围

实验室用的一般是万分之一分析天平，即分度值可达 0.1 mg，称量范围多数在 20 g 以内，一般以最大称量来表示，不同生产厂家、不同型号的分析天平有一些区别，如最大称量有 100 g、180 g、200 g 和 220 g 等。

在实际检测工作中，从称量准确性来考虑，如称量 0.1 g 以上的试样量用于分析时，使用万分之一分析天平尚可；如果称量 0.1 g 以下的试样量用于分析时，用万分之一分析天平，准确度就稍差，这时需要选择分度值为 0.01 mg 的十万分之一分析天平才能满足要求。

4. 使用及注意事项

（1）天平应安放在洁净的房间和稳定的台面上，以防止周围环境物体的振动、空气流动和阳光直射的影响和干扰。

（2）天平开机前，先检查是否水平，即观察天平上水平仪内的气泡是否位于圆环的中央，否则通过天平的地脚螺栓调节。

（3）在初次接通电源或长时间断电后开机时，至少需要预热 30 min。因此，实验室电子天平在通常情况下，不要经常切断电源。

（4）称量时，按下"ON/OFF"键接通显示器，等待仪器自检。当显示器显示"0"时，自检过程结束，天平可进行称量。不要将试样和化学试剂直接放在天平盘内进行称量，根据称量物的不同性质，可放在称量纸、表面皿或称量瓶内进行称量。

（5）称量完毕，按"ON/OFF"键，关上显示器，仪器处于待机状态。

（6）所称物体温度必须与天平室温度一致，防止温度均衡而影响称量的准确性。

（7）称量的物体绝对不能超过天平的最大称量范围，对于同一个试样的分析应使用同一台天平，以减少系统误差。

（8）天平箱内应放变色硅胶或无水氯化钙等干燥剂，并经常更换。

（9）称量完毕后，将天平箱内打扫干净，并关上天平门，罩上防尘罩，做好称量记录。

二、酸度计

1. 原理

测定溶液 pH 值的方法有 pH 试纸法、标准色管比色法和酸度计（pH 计）测定法，前两种都是用不同指示剂的混合物显示各种不同的颜色来指示溶液的 pH 值。酸度计实际是电化学法的一种，它是将一支能指示溶液 pH 值的玻璃电极作指示电极，用甘汞电极作参比电极。浸入被测试液中组成一个电池，此时所组成的电池将产生一个电动势，电动势的大小与溶液中的氢离子浓度即 pH 值有直接关系。

2. 校正方法

样品经处理后，在测定样品之前要对酸度计进行校正，其校正方法如下。

（1）置开关于"pH"位置。

（2）置温度补偿器尖头旋钮指示溶液温度（以 25 ℃为例）。

（3）校准。一般采用两点定位校值，具体的步骤如下。

①将调节斜率旋钮调至最大值。

②打开电极套管，用蒸馏水冲洗电极头部，用吸水纸仔细将电极头部吸干，将电极放入 pH 值为 6.86 的标准缓冲溶液，使溶液淹没电极头部的玻璃球及参比电极的毛细管，将电极接头同仪器相连，轻轻摇匀溶液，待读数稳定后，调节"定位"键，使显示值为该溶液 25 ℃时标准 pH 值 6.86。

③将电极取出，洗净吸干，放入 pH 值为 4.01 的标准缓冲溶液中（如果待测溶液的 pH 值偏碱性，即用 pH 值为 9.18 的标准缓冲溶液调节斜率），摇匀，待读数稳定后，调节"斜率"键，使显示值为该溶液 25 ℃时标准 pH 值 4.01。

④反复调节"定位"键和"斜率"键 2~3 次，读数稳定后，即可测定试样溶液。

3. 校正

酸度计经校正之后，即可测定试样的 pH 值。测定时，先用蒸馏水冲洗电极和烧杯，再用样品试液洗涤电极和烧杯，然后将电极浸入样品试液中，轻轻摇动烧杯使溶液均匀。调节温度补偿器至被测溶液温度。待读数稳定后，即为试样溶液的 pH 值。测定完毕后，将电极和烧杯洗干净，并妥善保管。

4. 注意事项

（1）玻璃电极球泡受污染可能使电极响应时间加长。所以，短期不用可以储存在 pH 值为 4 的缓冲溶液中；如果长期不用可以储存在 pH 值为 7 的缓冲溶液中。由于玻璃膜脆弱极易破坏，使用时应特别小心。如玻璃膜沾有油污，可先浸入乙醇中，然后浸入乙醚或四氯化碳中，然后再浸入乙醇，最后用蒸馏水冲洗干净。

（2）选用玻璃电极测试 pH 值时，由于玻璃性质常起变化，会引起不稳定的不对称电位。需随时用已知 pH 值的标准缓冲溶液进行校正。清洗电极后，不要用滤纸擦拭玻璃膜，而应用滤纸吸干，避免损坏玻璃薄膜，防止交叉污染，影响测量精度。

（3）甘汞电极中的氯化钾溶液应保持饱和，弯管内不应有气泡存在，否则将使溶液隔断，导致断路。溶液中应保持有少许氯化钾晶体，以保证氯化钾溶液的饱和。注意电极液各部不被沾污或堵塞，并保持电极液各部适当的渗出流速。

（4）甘汞电极的下端毛细管与玻璃电极之间形成通路，因此在使用前必须确保毛细管畅通。检查方法是：先将毛细管擦干，然后用滤纸贴在毛细管末端，如有溶液渗下，则证明毛细管未堵塞。

（5）使用甘汞电极时，要把加氯化钾溶液处的小橡皮塞拔去，使毛细管有足够的液位压差，从而有少量氯化钾溶液从毛细管中流出，否则样品试液进入毛细管，测定结果会不准确。双盐桥型饱和甘汞电极套管内装有饱和硝酸铵或硝酸钾溶液，其他注意事项同饱和甘汞电极。

（6）新的玻璃电极在使用前，必须活化，在蒸馏水中或 0.1 mol/L 盐酸溶液中浸泡一昼夜以上，不用时，也可浸泡在蒸馏水中。

三、分光光度计

1. 测定原理

分光光度法的理论基础是朗伯比尔定律。朗伯比尔定律的数学表达式为

$$A = K \times C \times L \tag{3-1}$$

它的物理意义是当一束平行单色光垂直通过某一均匀非散射的吸光物质时，其吸光度 A 与吸光物质的浓度 C 及吸收层厚度 L 成正比。式（3-1）中，K 为吸收常数。分光光度法即是利用物质的分子或离子对某一范围的光的吸收作用，对物质进行定性分析、定量分析及结构分析。

比色时波长的选择：人们肉眼日常所见的日光的波长范围为 400～760 nm 的电磁波，它是由红、橙、黄、绿、青、蓝、紫等色光按照一定的比例混合而成的。人们肉眼看不到 400 nm 以下的紫外区和 760 nm 以外的红外区。

分光光度法是以棱镜或光栅为分光器，并用狭缝分出一条很窄的波长光束。这种单色光的波长范围一般都在 5 nm 左右，纯度高，因而其测定的灵敏度、选择性和准确度都比比色法高。

根据不同目的和意义可分为可见分光光度计（波长范围一般为 400～760 nm）和紫外可见分光光度计（波长范围为 200～760 nm）。

通常紫外可见分光光度计的光源有两类：热辐射光源和气体放电光源。热辐射光源主要用于可见光区（400～760 nm），如钨灯和卤钨灯；气体放电光源主要用于紫外光区（100～400 nm），如氢灯和氖灯。

分光光度法的最大优点是，可以在一个试样中同时测定两种或两种以上的组分，不必事先进行分离，因为分光光度法可以任意选择某种波长的单色光，因此可以利用各种组分吸光度的加和性，在指定条件下进行混合物中各自含量的测定。

2. 使用注意事项

不同厂家、不同型号的分光光度计操作步骤不同，必须按照仪器操作说明书进行操作。在使用时注意以下几点。

（1）开机前打开仪器样品帘盖，观察确认样品室无挡光物后再打开电源。仪器需要预热 15～20 min。

（2）根据溶液中被测物含量的不同可以酌情选用不同规格光程长度的比色皿，目的是使吸光度读数处于 0.2～0.8。

（3）上机测定的试液中被测物质的浓度，应在标准曲线中被测物质的浓度范围内。否则，应重新制备试样溶液。

（4）确保比色皿不倾斜放置。稍许倾斜，就会使参比样品与待测样品的吸收光径长度不一致，还可能使入射光不能全部通过样品池，导致测试结果受影响。

（5）测试时，比色皿架推拉到位。若不到位，将影响测试结果的重复性和准确度。

（6）保证比色皿的清洁度，延长其使用寿命。

（7）干燥剂应定期更换或烘烤。干燥剂失效将导致数显不稳、无法调"0"点或"100%"点。反射镜发霉或沾污，影响光效率，杂散光增加。

（8）分光光度计的放置地点应远离水池等湿度大的地方，同时应避免阳光直射，避免强电场，避免与较大功率的电器设备一起供电，避开腐蚀性气体等。

3. 维护

（1）样品室应密封良好，无漏光现象，样品架定位正确。

（2）吸收池的透光面应清洁，无划痕和污点，任何一面不得有裂纹。

（3）当设备工作不正常时，如无输入、光源灯不亮、电表指针不动，应首先检查保险丝是否损坏，然后检查电路。

（4）仪器要接触良好，当仪器停止工作时，必须切断电源，开关放在"关"的位置。

（5）仪器的光电池受潮后，灵敏度会急剧下降，甚至失效。因此，仪器应放在干燥的地方，并在光电池附近摆放变色硅胶，如发现硅胶吸收水分变色，应立即烘干。备用的光电池应用黑布包好，放在干燥器内保存。另外，有两包硅胶放在比色皿暗箱内，当仪器停止使用后，也应定期烘干。

（6）使用过程中要防止腐蚀气体、酸、碱或其他化学药品侵入机体内部，比色皿架应注意保持清洁。避免在酸雾较多的室内使用仪器。

（7）为了避免仪器积灰和沾污，在停止工作时间内，用塑料套子罩住整个仪器，在套子内应放数袋防潮硅胶。

（8）仪器工作数月或搬动后，要检查波长精确性，以确保仪器的使用和测定的精度。

（9）仪器应安放在坚固的工作台上，否则影响检流计的读数。搬动仪器时，应将检流计短路，以免受震损坏。

四、标准分析筛

标准分析筛广泛应用于饲料企业化验室，主要用于进行饲料颗粒和粉类物料粒度分布测定、产品杂质含量分析以及样品制备过程中的筛分等。

使用注意问题如下。

（1）根据被检物料及相应的标准来确定要选用的标准分析筛的孔径。

（2）确认标准分析筛按照要求水平放置在稳固坚实的工作台上。

（3）确认电源和要求相符，并确保接地。

（4）振动部分不能与其他物体接触。

（5）用完后及时清理，以延长使用寿命。

五、自动电位滴定仪

自动电位滴定仪是一种理想的实验室容量分析仪器，可用于酸碱滴定、氧化还原滴定和非水滴定等各类电位滴定的成分分析，且有自动滴定功能，滴定值由 LED 直接数字显示，无论手动滴定或预设终点自动滴定都非常方便直观。

1. 原理

电位滴定是一种利用电极电位的突跃来确定终点的分析方法。进行电位滴定和参比电极组成的化学电池,随着滴定剂的加入,由于发生化学反应,待测离子浓度不断发生变化,指示电极的电位也随之发生变化,在计量点附近,待测离子的浓度发生突变,指示电极的电位发生相应的突跃。因此,测量滴定过程中的电动势的变化,就能确定滴定反应的终点,求出试样的含量。

2. 特点

(1) 准确度高,与普通容量分析一样,测定误差可低至0.2%。

(2) 能用于指示剂难以判断终点的浑浊或有色溶液的滴定。

(3) 用于非水滴定。有些有机物的滴定需要在非水溶液中进行,一般缺乏合适的指示剂,可采用电位滴定。

(4) 适用于连续滴定和自动滴定。

3. 电位滴定法与一般滴定分析法在滴定过程中的主要不同点

电位滴定法不需要指示剂,是根据浸入在被测溶液中的指示电极与参比电极间的电位变化,更明确地说,就是根据反应终点时指示电极发生的电极电位突跃变化来比较客观地决定滴定反应的终点。因此在深色或混浊溶液中而无适当指示剂时,利用电位滴定法观察终点会更易分辨而且准确。

六、样品粉碎机

1. 原理

一般实验室所用小型样品粉碎机是指利用重压研磨或剪切的形式来实现干性物料粉碎的设备。它由柱形粉碎室、研磨轮、研磨轨、风机和物料收集系统等组成。物料通过投料口进入柱形粉碎室,被沿着研磨轨做圆周运动的研磨轮碾轧、剪切而实现粉碎。被粉碎的物料通过风机引起的负压气流带出粉碎室,进入物料收集系统,经过滤袋过滤,空气被排出,物料、粉尘被收集,完成粉碎。

2. 使用注意问题

样品粉碎是饲料检验中的重要环节,使用时应注意以下问题。

(1) 打开粉碎机电源开关,按下开关进行机内清污,用部分本次粉碎样品粉碎冲洗粉碎机,将首次粉碎的样品扔掉,再开机正式粉碎该样品,目的是防止上个样品对该样品的交叉污染。

(2) 不同的检验项目要求细度各异,因此,在粉碎前应按照检验项目要求的细度更换不同孔径的筛片。

(3) 样品粉碎后应切记排空机内异物,关闭电源后,清洁粉碎机。

第三节 常用加热设备

一、电炉和电热板

1. 原理

电炉和电热板是实验室最常用的加热设备,其外形多为圈形或方形,有 500 W、

800 W、1 000 W、1 200 W和2 000 W等规格。为了使用方便，也可将电炉并到一起，或是在一个电炉上将几根电阻丝串到一起组成一个组合电炉。电热板的功率一般比电炉大，它实际上是一个组合电炉。不同的是，它在电炉的表面加了一块铁板，使电阻丝不暴露在外。因此，人们习惯地叫这种电炉为电热板。它的优点在于避免了电阻丝与实验室中腐蚀性物质的直接接触，延长了电阻丝的使用寿命，同时它的保温性能比较好，所以达到的温度也比电炉高。

2. 注意事项

（1）在使用电炉时，电源的电压应与电炉的额定电压一致，否则就会影响电炉的正常工作，有时甚至会烧坏电炉。

（2）电炉不使用时应马上切断电源，这样不仅可以节约用电，而且可以延长电炉的使用寿命。

（3）在电炉上加热金属物体时，应防止金属物体和电阻丝接触（可垫上石棉网或耐火砖），以免触电。

二、高温电炉

1. 原理

高温电炉是一种带温度控制器的高温加热设备，又称高温炉、马弗炉。它的外形呈箱形，内外都衬有耐火材料，中间是作为热源的硅碳棒或镍铬电阻丝，在它的高温室内有根热电偶和温度控制器连接，以控制炉内温度。

2. 注意事项

（1）高温电炉应放在结实平稳的台面上，放好之后不要轻易移动。

（2）炉子周围不要放置易燃易爆物品。在使用高温电炉时，炉膛内应衬干净的耐火砖块。应严格控制操作条件，防止温度过高引起试样飞溅而损坏炉膛。

（3）试样灼烧完毕后，首先切断电源，先冷却，然后将炉门半开，让其稍冷后再将炉门完全开启，这样可以防止炉膛骤冷而断裂。

（4）新炉或新换炉膛的高温电炉在使用前应低温烘烤数小时，以除去炉内潮气。

（5）在使用过程中，应时常查看，防止温控器失灵而烧毁电炉，甚至引起火灾。

（6）若炉子闲置不用，应关好炉门，防止潮气侵蚀炉膛。

三、烘箱

1. 原理

烘箱是实验室常用的一种干燥设备，所以也叫干燥箱。其外形和功率的大小因用途的不同而不同，它的温度是可控制的，较大的烘箱还带有鼓风设备。从结构上看，烘箱一般由外壳、加热系统和自动恒温系统组成。外壳是一个隔热的铁皮箱，它是在两层铁皮的中间充填玻璃纤维或石棉以防止热量的散失，烘箱的顶部有一个排气口，排气口的中央是温度计插孔，用于测量箱内温度。一般箱门分两道，第一道（即紧靠箱内的箱门）是玻璃门，第二道（即外面的箱门）是内充绝热材料的金属门。加热系统是在箱体的底部夹层中，多为外露式的电阻丝，固定在带绝缘材料的箱底上，其上是一块多孔金属板，以利于热量的传递。自动恒温系统一般置于箱体的侧面夹层中，它有一个温度探头伸进烘箱工作室的上部。要说明的是，烘箱温度控制器上的读数并非温度读数，而是一个温度的相对高低值。实际温度是多少需要查看温度计。目前，多用带数字显示的烘箱，温度直接由 LED 数字显示。

2. 注意事项

（1）在箱内不要存放和烘烤能挥发的腐蚀性试样。

（2）烘烤试样的烘箱不要和烘烤玻璃器皿的烘箱共用。

（3）观察箱内情况时，不要打开烘箱的玻璃门，以免影响恒温。

（4）要保持箱内清洁，防止污染试样。

（5）烘箱的底部不要放置任何物体，否则会妨碍热量的传递。

（6）对于有多挡升温装置的烘箱，一般应用低挡升温即可，高挡升温一般用于急需升温的情况。

（7）箱内温度高于 200 ℃时，若立即开启箱门可能会使玻璃门急速冷却而破裂，因此，最好先让其自然冷却至一定温度后再打开箱门。

四、真空干燥箱

1. 原理

真空干燥箱是专为干燥热敏性、易分解或易氧化的物质而设计的，工作时可使工作室内保持一定的真空度，并能够向箱内充入惰性气体，特别是成分复杂的物品也能进行快速干燥，采用智能型数字温度调节仪进行温度的设定、显示与控制。真空干燥箱外壳由钢板冲压折制、焊接成型，外壳表面采用高强度的静电喷塑涂装处理，漆膜光滑牢固。工作室采用碳钢板或不锈钢板折制焊接而成，工作室与外壳之间填充保温棉。工作室的内部放有隔板，用来放置各种试样，工作室外壁的四周装有云母加热器。门封条采用硅橡胶条密封。箱门上设有可供观察用的视镜。真空干燥箱的抽空与充气均由电磁阀控制，电器箱在箱体的左侧或下部，电器箱的前面板上装有真空表、温控仪表及控制开关等，电器箱内装有电器元件。

2. 使用方法

（1）将试样均匀放入真空干燥箱内的隔板上，推入干燥箱内。

（2）关紧箱门和放气阀，箱门上有螺栓，可使箱门与硅胶密封条紧密结合。

（3）将真空泵与真空阀连接，开启真空阀，抽真空。

（4）依据真空泵的性能，以抽到极限值为准。

（5）抽完真空后，先将真空阀门关闭（如果真空阀门关不紧，需更换），然后再将真空泵电源关闭（防止倒吸现象产生）。

（6）根据试样的干燥周期，每隔段时间观察一下压力表、温度表和箱体内的变化，如果压力表指数下降，则可能存在漏气现象，可再进行抽气操作。

（7）干燥完成后，先将放气阀打开，再打开真空干燥箱门，取出试样。

3. 注意事项

（1）真空干燥箱外壳必须有效接地，以保证使用安全。

（2）真空干燥箱应在相对湿度低于85%、周围无腐蚀性气体、无强烈振动源及强电磁场存在的环境中使用。

（3）存放真空干燥箱的实验室无防爆、防腐蚀等处理的，不得对易燃、易爆、易产生腐蚀性气体的试样进行干燥。

（4）真空泵不能长时间工作，因此，当真空度达到干燥试样的要求时，应先关闭真空阀，再关闭真空泵电源，待真空度小于干燥试样的要求时，再打开真空阀及真空泵电源，继续抽真空，这样可延长真空泵使用寿命。真空泵应及时更换真空泵油。

（5）干燥的试样如果很潮湿，则在真空箱与真空泵之间最好加上过滤器，防止潮湿气体进入真空泵，造成真空泵故障。

（6）真空干燥箱应经常保持清洁。箱体玻璃切忌用化学溶液擦拭，应用松软棉布擦拭。

（7）若真空干燥箱长期不用，可将露在外面的电镀件擦干净后涂上中性油脂，以防腐蚀，并套上塑料薄膜防尘罩，于相对干燥的室内放置，以免电器元件受潮损坏，影响使用。

（8）真空干燥箱不需连续抽气使用时，应先关闭真空阀，再关闭真空泵电源，防止真空泵油倒灌至箱内。

五、水浴锅

水浴锅因加热口的多少而分为双联、四联、六联和八联等，最高温度可达100 ℃，水浴锅由三部分组成，即外壳、加热系统和温度控制系统。不过它的加热系统是一个密封在绝缘铜导管内的电阻丝。在使用水浴锅时，应注意使锅内保持一定的水位，水位切不可低于电热管所在的平面。温度控制系统应尽量避免受潮，以防漏电。工作时应经常检查水箱是否漏水。

六、超级恒温水浴

超级恒温水浴也叫恒温循环水浴。超级恒温水浴带有循环水功能，内部配有专用的循环水泵，可以使水浴槽内的液体始终处于循环状态，使水温更加均匀。

1. 使用方法

（1）超级恒温水浴使用220 V交流电源，在使用前确定电源插座额定电流不小于6 A，并具有安全接地装置，使用时应接入接地装置。

（2）超级恒温水浴用水为蒸馏水。加水时请注意水面离上盖板不少于8 cm。

（3）打开电源，开启循环水泵，然后将恒温部分的设定测量开关调至需设定数显温度，电源进入"ON"指示，这时仪器已在加热，待控温指示进入"OFF"时，水箱水温已达设定的温度，待水温下降时，指示又进入加温"ON"状态"自动控温"。

（4）如需快速降低水温，应关闭或调整数显温度设定指数，或外用乳胶管一头接入冷水，另一头接入水箱进行循环冷却，水箱里的水会很快降温。

2. 注意事项

（1）使用前详细阅读说明书，一定先加水到水位线，再接通电源。

（2）设置数显温度，打开电源开关使水箱升温，盖上水箱盖，待水温升到所设温度值，打开循环电源开关，水箱内的水开始循环，使水箱内水温均匀。

（3）水位不能过高，以防水溢出。

（4）需快速降温时，控制箱旁有两个水嘴，任意一个接入冷凝水，另一个接入出水池（用乳胶管）协助温度下降。

（5）为延长仪器使用寿命，控制箱内应避免受潮，以防漏电。

（6）使用完毕将水从出水嘴放干净，并用干布擦拭，置于通风干燥处。

七、微波消解仪

1. 原理

微波是一种频率范围在 300~30 000 MHz 的电磁波，微波消解仪用的微波频率和家用微波炉相同，都是 2 450 MHz。含水或含酸溶液的体系都是有极性的，在微波电场的作用下，以每秒 24.5 亿次的速率不断改变其正负方向，使分子产生高速的碰撞和摩擦而产生高热。同时在微波电场的作用下，溶液体系中的离子定向流动，形成离子电流，离子产生高热。在流动过程中与周围的分子和离子发生高速摩擦和碰撞，使微波能转为热能。

微波消解仪主要利用微波的加热优势和特性，特殊塑料消解罐中加入酸以后形成强极性溶液，利用微波加热特性，内外同时加热，加热更快速、更均匀、效率更高。另外，微波消解一般在密闭高压消解罐内进行，压力体系能产生过热现象（简单地说就是可以加热到比常压下沸点更高的温度），可大大提高消解速度，并能消解常规湿法不能消解的试样。

2. 优点

（1）快速。压力大，沸点高，提高消解速度。一般 30 min 内就可以完成一个消解流程。

（2）样品成分损失小。在密闭体系进行微波消解还可防止挥发性元素的损失，用于一些常规湿法消解不能检测的项目。

（3）消耗试剂少。一般试剂用量小于 10 mL。

（4）污染小。在密闭体系中进行，试剂用量小，不会产生大量腐蚀性气体污染环境。

3. 注意事项

微波消解虽然有多重保护机制，但因在高温高压的反应条件下进行，存在危险性。

（1）避免在没有试样的情况下开机运行。防止空载造成微波对磁控管和传感器的衰化和损坏。

（2）温度传感器为精密装置，避免折压。

（3）不熟悉的样品称样量小于 0.5 g，各罐称样量尽量保持一致，样品量较大的作为主罐。

（4）不可同时混用不同型号反应罐或对不同性质的样品进行消解。

（5）不可同时使用不同的试剂体系。

（6）消解时可用硝酸、氢氟酸和盐酸；硫酸、磷酸会产生高温，用时应严格温控；禁止使用高氯酸。

（7）转盘上的压力罐应尽量保持均匀对称。

第四节　常用辅助设备

一、数字滴定器

数字滴定器不像普通玻璃滴定管那样操作烦琐，也不像专业滴定系统那么昂贵，它体积小、电池寿命长，适于在狭小和远离电源的地方使用。数字显示消除了人为计数所带来的误差和计算体积时产生的误差。

二、离心机

离心机是实验室常见的分离设备，通常依其使用目的可分为低速离心机、高速冷冻离心机和超高速真空离心机等。低速离心机又包括细胞离心机以及常见的微量离心机等。

使用离心机要注意安全，因为离心力失控可能造成很大的破坏，因此，要注意离心管是否配平，离心转速是否超过离心机的最高转速，转子是否有腐蚀或过载。离心管重量、数据要平衡好，放入转子时也要注意位置平衡。绝对不要超过离心机或转子的最高限转速，一定要在达到预设转速后，才能离开离心机。若有任何异常，要立刻停机。通常听声音即可得知离心状况是否正常，也可注意离心机的振动情形。使用硫酸铁等高盐溶液样本后，一定要把转子洗干净，离心机转舱也要及时清理。超高速离心机因转速极高，也更加复杂，操作员需要经过专门的训练后才可操作使用。

三、旋涡混合器

旋涡混合器又称快速混合器。主要依靠装液容器与旋盘的平稳接触，使容器内的溶液快速混匀。旋涡混合器应放在较平滑的台面，轻轻按下该仪器，使仪器底部的橡胶脚与台面相吸。电源插头插入 220 V 交流电源，开启电源开关，则电机开始转动。用手拿紧试管或三角烧瓶，轻轻放在橡胶振动面上，并略施压力，试管内的溶液就会产生旋涡，而三角烧瓶中则起高低不等的水泡，从而达到混合的目的（容器中被混液体的体积一般以不超过容器容积的 1/3 为佳）。

如果开启电源开关后，电机不转动，应检查插头接触是否良好、保险丝是否烧断（应断电进行）。注意妥善保管旋涡混合器，放在干燥、通风、无腐蚀性气体的地方。使用中切勿使液体流入机芯，以免损坏器件。

四、振荡器

振荡器主要有由电容器和电感器组成的 LC 回路，通过电场能和磁场能的相互转换产生自由振荡。仪器外壳应妥善接地，以免发生意外。长期不使用时，应切断电源，置于通风干燥处。仪器应保持清洁干燥，严禁液体进入机内。仪器发生故障，应先检查电源。

五、超声波振荡器

超声波振荡器具有脱气、提取、乳化、加速溶解、粉碎和分散等多种功能。超声波振荡器能快速、彻底清除器皿表面上的各种污垢，对器皿无损。可采用各种清洗剂，在室温下或适当加温即可进行清洗。整机一体化结构便于移动，电源必须有良好接地装置。超声波振荡器严禁无清洗液开机，即清洗缸没有加一定数量的清洗液，不得开机。有加热功能的，严禁无清洗液时打开加热开关。禁止用重物撞击清洗缸底，以免能量转换器晶片受损。清洗缸要定期冲洗。

六、氮吹仪

氮吹仪也叫氮气吹干仪。能够将氮气快速、连续、可控地吹到加热样品表面，实现大量样品的同步快速浓缩。氮吹仪安装好后，底盘支撑在恒温水浴内，打开水浴电源，设定水浴温度，水浴开始加热。提升氮吹仪，将需要蒸发浓缩的试液分别安放在样品定位架上，并由托盘托起，其中托盘和定位架高低可根据试管的大小调整。打开流量计针阀，氮气经流量计和输气管到达配气盘，配气后送往各样品位上方的针阀管（安装在配气盘上）。通过调节针阀管针阀，氮气通过针阀管和针头吹向试液，可通过调整锁紧螺母上下滑动针阀管，调整针头高度，以使得试液表面吹起波纹又不溅起为好。最后，将氮吹仪放于恒温水浴中，直至试液蒸发浓缩完成。

七、旋转蒸发器

旋转蒸发器的原理即为在真空条件下，恒温加热，使旋转瓶恒速旋转，试液在瓶壁形成大面积薄膜，快速蒸发，蒸发的气体经玻璃冷凝管冷却，回收于收集瓶中。

操作步骤分为抽真空、加热、加样、旋转、回收。设备在安装时，各磨口、密封面、密封圈及接头都需要涂真空脂，加热槽通电前必须加水，不许无水干烧。如真空度达不到，需检查各接头、接口是否密封，密封盾、密封面是否有效，主轴与密封圈之间真空脂是否涂好，真空泵及其皮管是否漏气，玻璃件是否有裂缝、碎裂或损坏。

八、真空泵

真空泵是用各种方法在某一密闭空间中产生、改善和维持真空的装置。真空泵可以定义为：利用机械、物理、化学或物理化学的方法对被抽容器进行抽气而获得真空的器件或设备。随着真空应用的发展，真空泵的种类已发展了很多，其抽速从每秒零点几升提高到每秒几十万、数百万升。按真空泵的工作原理，真空泵基本上可以分为两种类型，即气体传输泵和气体捕集泵。

九、超纯水机

超纯水机是实验室检验用纯水的制备装置。超纯水机的工作原理是自来水经过精密滤芯和活性炭滤芯进行预处理，过滤泥沙等颗粒物和吸附异味等，让自来水变得更加干净，然后再通过反渗透装置进行水质纯化脱盐，纯化水进入储水箱储存起来，其水质可以达到国家三级水标准。反渗透纯水通过纯化柱进行深度脱盐处理就得到一级水或者超纯水。精密滤芯、活性炭滤芯、反渗透膜和纯化柱都是具有一定寿命的材料，精密滤芯和活性炭滤芯实际上是对反渗透膜的保护，如果它们失效，那么反渗透膜的负荷就加重，寿命减短，如果继续开机的话，产生的纯水水质会下降，随之就加重了纯化柱的负担，则纯化柱的寿命就会缩短。最终结果是加大了超纯水机的使用成本。

十、气体钢瓶

气体钢瓶是储存压缩气体的特制耐压钢瓶。气体钢瓶充气后，压力可达150 MPa，使用时，必须用气体减压阀有控制地放出气体。减压阀的高压腔与气瓶相连，低压腔为气体出口，通往使用系统。减压阀高压表的示值为气瓶内气体的压力，低压表的出口压力可由螺杆调节。使用时先打开钢瓶总开关，然后顺时针转动低压表调节螺杆，这样进口的高压气体减压后进入低压室，经出口通往工作系统，调节低压表螺杆，可调节高压气体的通过量，并达到所需的压力值。停止工作时，先关闭气瓶总开关，将减压阀中余气放干净，再拧松调节螺杆，也即关闭低压表出口。

有些气体易燃或有毒，所以在使用钢瓶时要注意安全。

（1）压缩气体钢瓶应直立存放和使用，必须用框架或护栏围护固定，或是放在气瓶柜内。

（2）压缩气体钢瓶应远离热源、火种，置于通风干燥处，防止日光暴晒，严禁受热。

（3）可燃性气体钢瓶必须与氧气钢瓶分开存放；周围不得堆放任何易燃物品、易燃气体，严禁接触火种。

（4）禁止随意挪动和敲打钢瓶，经允许搬动时应做到轻搬轻放。

（5）使用时要注意检查钢瓶及连接气路的气密性，确保气体不泄漏。

（6）使用钢瓶中的气体时，要用减压阀（气压表）。各种气体的气压表不得混用，以防爆炸。

（7）使用完毕要检查确认减压阀是否关闭，有无漏气。

十一、移液枪

1. 移液枪的使用方法

根据量取的体积，调节螺母，配以合适的吸头，用右手按下枪尾的按钮，将枪尖头伸入液面以下，缓慢提起按钮（黏度大的溶液，防止进入气泡），吸取液体。将移液枪移出液面，转移至所用器皿，然后将按钮压至底部释放出液体。为获得较高的精度，吸头需预先吸取一次样品溶液，然后再正式移液，因为吸取有机溶剂时，吸头内壁会残留一层"液膜"，造成排液量偏小而产生误差。移液枪的按钮一般有两挡，移取溶液时只需按到第一挡，释放溶液时按到第二挡。使用前可以先感觉一下两挡的差别。移液枪用完后，归到最大量程，以防弹簧失去弹性，不可倒置（特别是所带吸头里存有液体的时候)。使用完毕，将吸头打掉，放在移液枪架上。

2. 移液枪使用注意事项

(1) 连续可调移液枪的取用体积调节要轻缓，严禁超过最大或最小量程。

(2) 在移液枪吸头中含有液体时禁止将移液枪水平放置，不用时置于移液器架上。

(3) 吸取液体时，动作应轻缓，防止液体随气流进入移液枪的上部。

(4) 吸取不同的液体，要更换吸头。

(5) 移液枪要定期校准，一般由专业人员来进行。

(6) 严禁使用移液枪吹打混匀液体。不要用大量程的移液枪移取小体积的液体，以免影响准确度。同时，如果需要移取量程范围以外较大量的液体，请使用移液管进行操作。尽可能地减少误差，不断提高检验结果的准确度。

第四章　实验室用水、常用化学试剂与溶液

第一节　实验室用水

本节内容参照《分析实验室用水规格和试验方法》（GB/T 6682—2008）编写。在整个检测过程中，洗涤器皿、溶解样品和配制溶液等均离不开水，所以实验用水非常重要。一般生活用水含有氯化物、无机物和有机物等影响检测结果的物质，需经过一定的处理，达到国家规定的等级规格后，方可作为实验用水使用。

一、实验用水的制备

制备实验用水，应选择饮用水或比较纯净的水作为原料水。目前，工厂化制备实验用水多采用蒸馏法、离子交换法和电渗析法等。

一般饲料企业实验室可采用蒸馏法自制实验用水，此方法可将饮用水直接加热或蒸馏，除去水中不易挥发的无机盐类，然后再冷凝成水，蒸馏时速度不可过快，弃去头尾等措施可以提高蒸馏水的纯度。离子交换法制得的水通常称为"去离子水"，此法出水纯度高、产量大、成本较低，适合于规模较大的饲料企业。

二、实验用水的等级

1. 实验用水等级

实验用水分为三级，实验室可根据检测需要选择不同等级的水。

（1）一级水：基本上不含有溶解杂质或胶状离子及有机物，可以用二级水经进一步加工处理制得。例如，可以用二级水经过石英设备蒸馏或离子交换混合床处理后，再经 0.2 μm 微孔滤膜过滤来制取。一级水用于有严格要求的分析试验，如高效液相色谱法分析用水。

（2）二级水：可采用多次蒸馏或离子交换等方法制备。二级水用于无机痕量分析等试验，如原子吸收分光光度法分析用水。

（3）三级水：可以采用蒸馏或离子交换等方法制备。三级水用于一般化学分析试验。

2. 实验用水技术指标

实验用水的外观应为无色透明的液体，其技术指标应符合表 4-1 的规定。

表4-1　实验用水技术指标

技术指标	一级	二级	三级
pH 值范围（25 ℃）	—	—	5.0~7.5
电导率（25 ℃，mS/m）	≤0.01	≤0.10	≤0.50
可氧化物质含量（以 O 计，mg/L）	—	≤0.08	≤0.4
吸光度（254 nm，1 cm 光程）	≤0.001	≤0.01	—
可溶性硅含量（以 SiO_2 计，mg/L）	≤0.01	≤0.02	—
蒸发残渣含量［（105±2）℃，mg/L］	—	≤1.0	≤2.0

注：1. 由于在一级水、二级水的纯度下，难以测定其真实的 pH 值，因此，对一级水、二级水的 pH 值范围不做规定。2. 由于在一级水纯度下，难以测定可氧化物质和蒸发残渣，对其限量不做规定，可用其他条件和制备方法来保证一级水的质量。

三、实验用水的检验

实验用水检验的主要技术指标有 pH 值、电导率、吸光度和二氧化硅等 6 项指标，具体检验方法参见 GB/T 6682—2008。

四、实验用水的储存

各级用水在储存期间，其污染的主要来源是容器可溶成分的溶解、空气中二氧化碳及其他杂质。因此，一般情况下，一级水不储存，临用前制备；二级水、三级水可适量制备，储存在密闭、专用的聚乙烯容器中，三级水也可以使用密闭、专用的玻璃容器储存。

第二节　常用化学试剂

化学试剂是用于探测物质的组成、形状及其质量优劣的纯度较高的化学物质，也是制造高纯度产品和特种性能产品的原料或辅助材料。化学分析中，根据分析项目方法标准的需要，会用到各种不同类型、不同等级规格的试剂，只有了解化学试剂的分级、性质、用途、储存和保管等相关知识，才能正确使用，同时不至于因选用不当，影响分析结果的准确性或产生不应有的误差。

一、化学试剂的等级规格和标志

我国规定了化学试剂的级别、纯度、杂质含量、标识和代号等。实验室常见试剂的规格分为以下 6 种。

1. 高纯试剂

包括超纯、特纯、光谱纯等纯度在 99.99% 以上的试剂，用于液相色谱—质谱联用仪、气相色谱—质谱联用仪等仪器方法的检测。

2. 基准试剂

用于标定容量分析标准滴定溶液的标准参考物质，可作为容量分析中的基准物质使用，也可准确称量后直接配制标准滴定溶液。主成分含量在 99.95%~100.05%。

3. 优级纯

为一级品，又称保证试剂，杂质含量低，主要用于精密的科学研究和测定工作。

4. 分析纯

为二级品，质量略低于优级纯，杂质含量略高，用于一般的科学研究以及重要测定和分析工作。

5. 化学纯

为三级品，质量较分析纯差，但高于实验试剂，用于工厂、教学实验一般分析工作。

6. 实验试剂

为四级品，杂质含量较高，但比工业品纯度高，主要用作辅助试剂。

为便于使用和正确辨别，表 4-2 列出了化学试剂的常用等级。

表4-2 化学试剂的常用等级

项目	一级品	二级品	三级品	四级品
纯度分类	优级纯	分析纯	化学纯	实验试剂
英文代号	GR	AR	CP	LR
标签颜色	绿色	红色	蓝色	棕色或其他颜色

二、化学试剂的包装规格与选用

包装规格是指每个容器内盛装化学试剂的净含量或体积，包装单位的大小是根据化学试剂的性质、用途和单位价值而决定的。一般情况下，固体化学试剂以 500 g 分装 1 瓶，液体以 500 mL 分装 1 瓶较为多见。包装单位越小，单位价值越高，制作也就越困难，所以在使用时应注意节约。

试剂等级不同，价格相差很大。因此，应根据需要选用试剂，不能认为使用的试剂越纯越好。实验室还需要用一些纯度较低的试剂，如配制洗液的浓硫酸及重铬酸钾、作为燃料及一般溶剂的乙醇等，都应使用价格较为低廉的工业品。此外，检测项目对试剂有特殊要求的，应根据需要选购，如检测饲料中总砷用的锌粒应不含砷，所以要选购无砷锌粒。

三、标准物质的采购与保管

1. 标准物质的概念、基本特性及作用

（1）标准物质的概念。

①标准物质：是一种已经确定了具有一个或多个足够均匀的特性值的物质或材料，用于校准测量装置、评价测量方法或给材料赋值。

②有证标准物质：附有证书，某种或多种特性值。用建立了溯源性的程序确定，使之可溯源到准确复现的表示该特性值的测量单位。每一种出证的特性值都附有给定置信水平的不确定度。

（2）标准物质的基本特性。

①稳定性：是指标准物质在规定的时间和环境条件下，其特性量值保持在规定范围内的能力。

②均匀性：是指物质的一种或几种特性在物质各部分之间具有相同的量值。

③准确性：是指标准物质具有准确计量或严格定义的标准值。

（3）标准物质的作用。

①保持和传递特性量值的作用。

②保存和复现基本单位和导出单位的作用。

③约定标度的作用。

④保证分析结果可靠性和溯源性的作用。

2. 标准物质的采购

实验室根据实际需要采购标准物质，做好采购计划和验收记录。验收记录内容包括标准物质名称、规格、证书号、生产日期、有效期、采购人和验收人等相关内容。验收人一定要查验所购标准物质是否符合检测要求。需要低温保存的标准物质，应在低温状态下保存和运输。不要一次购买大量的标准物质（除非有特殊需要），以免储存不当和超过有效期造成浪费。

3. 标准物质的保管

实验室应尽量使用有证标准物质，一般应密闭、避光保存，对有特殊储存要求（如低温、避光等）的标准物质，严格按照标准物质证书上的使用注意事项和保存条件执行，否则标准物质的有效期将无法保证。保管时应注意以下问题。

（1）注意保存期限和使用期限的区别，如一瓶标准物质封闭保存可能5年有效期，但开封后反复使用，可能2年就变质失效。

（2）领用标准物质做好相关领用记录。

（3）过期、失效的标准物质，经确认后销毁并记录。

四、化学试剂的储存和应用

1. 化学试剂的储存与管理

（1）化学试剂储存的一般要求。化学试剂的储存受温度、光照、空气和水分等外在因素的影响，容易发生潮解、霉变、变色、聚合、氧化、挥发、升华和分解等物理或化学变化，使其失效而无法使用。因此，要采用合理适当的储存条件，保证化学试剂在储存中不变质。对储存有特殊要求的化学试剂应按特殊要求处理。一般化学试剂的储存条件要求避免阳光照射，室内温度不能过高，以15~25℃为宜，相对湿度40%~70%，室内通风，严禁明火。有毒或剧毒的化学试剂，不管浓度大小，使用多少就配制多少，剩余少量也要送危险品毒物储存室保管。

（2）化学试剂的保质期。一般化学试剂都有一定的保质期。有些化学性质较稳定，保质期就较长，保存条件也简单。初步判断一个化学物质的稳定性，可遵循以下几个原则。

①无机化合物，只要妥善保管，包装完好无损，可以长期使用。但是，那些容易氧化、容易潮解的物质，在避光、阴凉和干燥的条件下，只能短时间（1~5 年）内保存，具体要看包装和储存条件是否合乎规定。

②有机小分子化合物一般挥发性较强，包装的密闭性好，可以长时间保存。但对于容易氧化、受热分解、容易聚合以及光敏性物质，即使在避光、阴凉和干燥的条件下，也只能短时间（1~5 年）内保存，具体要看包装和储存条件是否合乎规定。

③有机高分子，尤其是油脂、多糖、蛋白质和酶等材料，极易受到微生物、温度和光照的影响，或失去活性，或变质腐败。因此，需冷藏（或冷冻）保存，而且保存时间也较短。

④基准物质、标准物质和高纯物质，原则上要严格按规定保存，确保包装完好无损，避免受到环境的影响，而且保存时间不宜过长。一般情况下，基准物质必须在有效期内使用。大多数化学试剂的稳定性还是比较好的，具体情况要由实际使用要求来判定。总之，化学试剂的有效性，首先要根据化学试剂本身的物理化学性质做出基本判断，再对化学试剂的保存状况进行表观观察，然后根据具体需要来做出能否使用的结论。

（3）过期化学试剂的处理。过期失效的试剂要及时处理，处理时不要直接倒入下水道。尤其是强酸、强碱等腐蚀性试剂或有机试剂等。应倒在专用废液缸中，交给专业部门处理。易制毒、易制爆化学试剂管理按照公安部有关规定执行。废弃的有毒或剧毒的化学试剂不能随意抛弃，应报请当地公安机关适当处理，如氰化钾、氰化钠、三氧化二砷（砒霜）和乙酸汞等。

（4）化学试剂的分类存放。试剂应分类存放。化学试剂种类繁多，首先按液体、固体分为两大类别，再分别按其性质如易燃、剧毒、强腐蚀、强氧化、易挥发、指示剂、无机和有机试剂等进行细分，并分门别类进行存放，性质相似、相近的相对集中存放，互相之间易发生反应的隔离存放。

一般试剂如不易变质的无机酸碱盐、不易挥发燃点低的有机物、没有还原性的硫酸盐、碳酸盐、盐酸盐和碱性比较弱的碱等，对这类试剂应进行定期察看，做到药品密封良好，尽量在保质期内用完。

强氧化类化合物如过氧化物或含氧酸及其盐，在适当条件下会发生爆炸，并可与有机试剂、镁、铝、锌粉、硫等易燃固体形成爆炸化合物，这类物质有的遇水起剧烈反应，属于此类的有硝酸铵、硝酸钾、硝酸钠、高氯酸、高氯酸钾、高氯酸钠、高氯酸镁、高氯酸钡、重铬酸铵、重铬酸钾及铬酸盐、高锰酸钾及高锰酸盐、氯酸钾、氯酸钡、过硫酸铵及其他过硫酸盐，过氧化钠、过氧化钾、过氧化钙、过氧化二苯甲酯、过氧乙酸等，存放要求阴凉通风。最高温度不得超过 30 ℃，要与酸类及木屑、炭粉、硫化物等易燃物、可燃物或易被氧化物等隔离，注意散热。

易燃类试剂如石油醚、二硫化碳、丙酮、苯、乙酸乙酯和吡啶等，需远离电源。

强腐蚀类试剂如发烟硫酸、浓硫酸、发烟硝酸、浓硝酸、浓盐酸、氢氟酸、氢溴酸、甲酸、乙酸酐、五氧化二磷、氢氧化钠和氢氧化钾等，这些试剂存放选用抗腐蚀性的材料制成架子，阴凉通风，与其他药品隔离放置，或放在地面靠墙处，以保证存放安全。

剧毒类试剂如氰化钾、三氧化二砷等，应双人双锁，单独存放。

2. 化学试剂的应用

化学试剂的配制必须遵循有关要求和方法。已配制好的溶液要贴上标签，标签上要注明溶液名称、浓度、配制日期、配制人和有效期等。最好在标签上面涂以蜡皮，或盖上透明不干胶塑片，防止标签脱落或字迹模糊不清。需要避光的溶液，如碘化钾溶液、碘试剂和高锰酸钾溶液等要用棕色试剂瓶盛装，也可用黑纸将瓶子包好并放在避光的暗橱里。

第三节　常用溶液的制备

一、溶液的基本概念

1. 溶液

一种或几种物质分散到另一种物质里形成的均匀的、稳定的混合物，叫溶液。溶液由溶质和溶剂组成。

2. 溶质

能被溶剂溶解的物质叫溶质。

3. 溶剂

用来溶解另一种物质的物质叫溶剂。

溶质和溶剂可以是固体、液体和气体。一般所说的溶液是指液态溶液。溶液的名称是溶质的溶剂溶液，如碘酒是碘的酒精溶液。溶液的质量等于溶质的质量加上溶剂的质量。溶液中溶质的质量分数是溶质质量与溶液质量之比。

二、常用制剂与制品的制备

本部分内容参照《化学试剂　试验方法中所用制剂及制品的制备》（GB/T 603—2023）编写。

（一）一般规定

（1）除非检验方法中另有说明或规定，所用试剂的级别，一般应在分析纯（含分析纯）以上。

（2）分析过程与配制试剂的用水，一般应符合 GB/T 6682—2008 中三级水的规定。

（3）凡未指明浓度的液体试剂均为市售浓度，一般用比重表示。例如，浓盐酸，浓度为 36%。

（4）当溶液出现浑浊、沉淀或颜色变化等现象时，应重新配制。

（5）溶液以"%"表示的均为质量分数。只有 95%乙醇中的"%"为体积分数。

（二）常用溶液的制备方法

试验溶液主要用于控制化学反应条件，在样品处理、分离、掩蔽和调节溶液的酸碱性等操作中使用，配制时用托盘天平、量筒、量杯等称量或量取即可。配制此类溶液的关键，是正确地计算所应称量的溶质的质量以及应该量取溶剂的体积。

1. 以质量百分比浓度表示的溶液的配制

100 g 溶液中含有溶质的克数，即质量百分比浓度。

$$质量百分比浓度（\%）= \frac{溶质质量}{溶液质量} \times 100 \tag{4-1}$$

（1）用固体试剂为溶质配制质量百分比浓度溶液。溶质为固体，只要先计算出所需溶质的质量，在托盘天平上称量（对于称样量小于 0.1 g 的固体可以在分析天平上称）读出两位有效数字。然后再求出溶剂的质量即可。以水为溶剂，一般近似认为水的密度为 1 g/mL，用量筒量取。

计算方法：配制溶液的总质量为 m，质量百分比浓度为 $X\%$，m_1 为需称取溶质的克数，m_2 为需称取溶剂的克数。

$$m_1 = m \times X\% \tag{4-2}$$
$$m_2 = m - m_1 \tag{4-3}$$

（2）用液体试剂为溶质配制质量百分比浓度溶液。以液体试剂为溶质配制质量百分比浓度溶液，就是把浓溶液（如浓硫酸）配制成稀溶液。配制计算方法有两种情况：一种是称取液体试剂的质量，另一种是量取液体试剂的体积。一般情况下用液体试剂配制溶液时，称取液体试剂的质量不方便，在实验室很少用，通常是量取液体试剂的体积。

设：所取溶液质量为 m_1，溶液体积 V_1，密度为 ρ_1，质量百分比浓度为 $X_1\%$，含溶质 m，则

$$m_1 = V_1 \times \rho_1 \tag{4-4}$$
$$m = m_1 \times X_1\% \tag{4-5}$$

所需配制溶液质量 m_2，溶液体积为 V_2，密度为 ρ_2，质量百分比浓度为 $X_2\%$，含溶质 m_3，则

$$m_2 = V_2 \times \rho_2 \tag{4-6}$$
$$m_3 = m_2 \times X_2\% \tag{4-7}$$

因为溶液配制前后溶质的含量不变，即 $m_3 = m$，所以，$V_1 \times \rho_1 \times X_1\% = V_2 \times \rho_2 \times X_2\%$

2. 以物质的量浓度表示的溶液的配制

（1）溶质为固体的溶液的配制方法。设 M_B 为物质 B 的摩尔质量（g/mol），n_B 为物质 B 的质量（mol），V 为溶液体积（L），物质 B 的物质的量浓度为

$$C_B = n_B / V \tag{4-8}$$

又

$$n_B = m_B / M_B \tag{4-9}$$

则配制 C_B 所需溶质量

$$m_B = C_B \times M_B \times V \tag{4-10}$$

（2）溶质为液体的溶液的配制方法。计算时，先计算出应称取溶质 B 的质量，再由式（4-11）计算出应量取液体溶质的体积。

$$V_B = \frac{M_B}{\rho \times X\%}$$ (4-11)

式（4-11）中：

V_B——应量取液体溶质 B 的体积，单位为毫升（mL）；

ρ——液体溶质的密度，单位为克每毫升（g/mL）；

$X\%$——液体溶质的质量百分比浓度；

M_B——溶质 B 的质量，单位为克（g）。

（3）用市售浓度溶液配制稀溶液的方法。根据前面介绍的方法，把浓溶液的浓度由质量百分比浓度换算为物质的量浓度，再根据稀释规则进行配制。

实验室工作人员应熟知市售常用酸碱的百分比浓度、密度和其物质的量浓度。表4-3列出了几种主要酸碱的浓度，供配制溶液时使用。

表 4-3　几种主要酸碱的浓度对照表

名称	百分浓度/%	密度/（g/mL）	物质的量浓度/（mol/L）
盐酸	36~38	1.18	12
硫酸	95~98	1.84	18
硝酸	65~68	1.52	16
磷酸	85	1.71	15
氢氟酸	42	1.15	24
高氯酸	70~72	1.75	12
乙酸	99	1.05	18
氨水	25~28（NH_3）	0.90	14

注：以化学式作为基本单元。

3. 以质量体积浓度表示的溶液的配制

以单位体积中所含溶质的质量表示的浓度，称取一定量的溶质溶解，并稀释至 1 000 mL，其常用单位为 g/L、mg/L 和 μg/L。

（1）以每升溶剂中所含溶质的克数表示，单位为 g/L。各种指示液的浓度多用这种方法。

（2）以每毫升溶剂中所含溶质的毫克数表示，单位为 mg/mL。杂质标准溶液一般都采用这种浓度表示。配制时可按照下式计算：

$$m = \frac{C \times M_r \times V}{A_r \times 1\ 000}$$ (4-12)

式（4-12）中：

m——需称取标准物质的质量，单位为克（g）；

C——所配杂质标准溶液的浓度，单位为毫克每毫升（mg/mL）；

M_r——所用标准物质的相对分子量；

V——配制溶液的体积，单位为毫升（mL）；

A_r——所配杂质元素的相对原子量。

4. 体积比浓度溶液的配制

两种溶液分别以 V_1 体积与 V_2 体积相混，或 V_1 体积的特定溶液与 V_2 体积的水相混，其表示为 V_1+V_2。如（1+4）的硫酸是指 1 单位体积的浓硫酸与 4 单位体积的水混合。

题目：欲配制（1+3）盐酸溶液 200 mL，应取浓盐酸和水各多少毫升？如何配制？

解：已知 A = 1，B = 3，$V=200$

$$V_1 = 200/(1+3) = 50（mL）$$

$$V_2 = 200-50 = 150（mL）$$

配制：用量筒量取 150 mL 水于烧杯中，慢慢加入用量筒量好的 50 mL 浓盐酸，混匀即可。

(三) 常用制剂的制备方法

1. 无二氧化碳的水

将水注入烧瓶中，煮沸 10 min，立即用装有钠石灰管的胶塞塞紧，冷却。

2. 无氧的水

将水注入烧瓶中，煮沸 1 h 后立即用装有玻璃导管的胶塞塞紧，导管与盛有焦性没食子酸碱性溶液（100 g/L）的洗瓶连接，冷却。

3. 无氨的水

取 2 份强碱性阴离子交换树脂及 1 份强酸性阳离子交换树脂，依次填充于长 500 mm、内径 30 mm 的交换柱中，将水以 3~5 mL/min 的流速通过交换柱。

4. 无氨的氢氧化钠溶液

将所需浓度的氢氧化钠溶液注入烧瓶中，煮沸 30 min，用装有硫酸溶液（20%）的双球管的胶塞塞紧，冷却，用无氨的水稀释至原体积。

5. 无碳酸盐的氨水

量取 500 mL 氨水，注入 1 000 mL 圆底烧瓶中，加入预先消化 10 g 生石灰所得的石灰浆，混匀，将烧瓶与冷凝器连接，放置 18~20 min，将氨气出口用橡皮管与另装有约 200 mL 无二氧化碳的水的烧瓶进口连接，外部用水冷却。将氨水和石灰浆的混合液用水浴加热，将氨蒸出直至制得的氨水密度达 0.9 g/mL 左右。

6. 无醛的乙醇

量取 2 000 mL 乙醇（95%），加 10 g 2,4-二硝基苯肼及 0.5 mL 盐酸，在水浴上回流 2 h，加热蒸馏，弃去最初的 50 mL 蒸馏液，收集馏出液，储存于棕色瓶中。按以上方法制备的无醛的乙醇，应符合下述要求：取 5 mL 按上法制备的无醛的乙醇，加 5 mL 水，冷却至 20 ℃，加 2 mL 碱性品红-亚硫酸溶液，放置 10 min，应无明显红色。

7. 无钙及镁的氯化钠

将优级纯氯化钠的饱和溶液与同体积无水乙醇混合，不断搅拌至不再结晶，抽滤，于105~110 ℃干燥后备用。

（四）常用试液的制备方法

1. 乙二胺四乙酸二钠镁溶液

$[C(EDTA-Mg)=0.01\ mol/L]$ 称取0.43 g乙二胺四乙酸二钠镁，溶于水，稀释至100 mL。

2. 乙酸溶液（5%）

量取48 mL乙酸（冰醋酸），稀释至1 000 mL。

3. 乙酸溶液（30%）

量取298 mL乙酸（冰醋酸），稀释至1 000 mL。

4. 乙酸铅（碱溶液）

称取5 g乙酸铅 $[Pb(CH_3COO)_2·3H_2O]$ 和15 g氢氧化钠，溶于80 mL水中，稀释至100 mL。

5. 二乙基二硫代氨基甲酸钠溶液（1 g/L）

称取0.1 g二乙基二硫代氨基甲酸钠（铜试剂），溶于水，稀释至100 mL。有效期为1个月。

6. 孔雀石绿溶液（2 g/L）

称取0.2 g孔雀石绿，溶于水，稀释至100 mL。

7. 纳氏试剂

称取50 g红色碘化汞和40 g碘化钾，溶于200 mL水中，将此溶液倾入700 mL氢氧化钠的溶液（210 g/L）中，稀释至1 000 mL静置，取上层清液使用。

按以上方法制备的纳氏试剂，应符合下述要求：取含0.005 mg氮的杂质测定用标准溶液，稀释至100 mL，加2 mL纳氏试剂，所呈黄色应深于空白。

8. 氨水溶液（2.5%）

量取103 mL氨水，稀释至1 000 mL。

9. 盐酸溶液（5%）

量取117 mL盐酸，稀释至1 000 mL。

10. 盐酸溶液（15%）

量取370 mL盐酸，稀释至1 000 mL。

11. 混合碱

称取200 mL氢氧化钠溶液（100 g/L），加100 mL无水碳酸钠溶液（100 g/L），混匀。

12. 偏钒酸铵溶液（2.5 g/L）

称取2.5 g偏钒酸铵，溶于500 mL沸水中，加20 mL硝酸，冷却，稀释至1 000 mL，储存于聚乙烯瓶中。

13. 氯化亚锡盐酸溶液

称取0.4 g氯化亚锡 $(SnCl_2·2H_2O)$，置于干燥的烧杯中，加50 mL盐酸溶解，稀释至 100 mL。

14. 氯化亚锡抗坏血酸溶液

称取 0.5 g 氯化亚锡（$SnCl_2 \cdot 2H_2O$），置于干燥的烧杯中，加 8 mL 盐酸溶解，稀释至 50 mL，加 0.7 g 抗坏血酸，摇匀。临用前制备。

15. 氯化亚锡溶液（400 g/L）

称取 40 g 氯化亚锡（$SnCl_2 \cdot 2H_2O$），置于干燥的烧杯中，加 40 mL 盐酸溶解，稀释至 100 mL。

16. 三氯化铁溶液（100 g/L）

称取 10 g 三氯化铁（$FeCl_3 \cdot 6H_2O$），溶于盐酸溶液(1+9)中，用盐酸溶液(1+9)稀释至 100 mL。

17. 硝酸溶液（13%）

量取 150 mL 硝酸，稀释至 1 000 mL。

18. 硝酸银溶液（17 g/L）

称取 1.7 g 硝酸银，溶于水，稀释至 100 mL，储存于棕色瓶中。

19. 硫酸溶液（0.5%）

量取 2.8 mL 硫酸，缓注入约 700 mL 水中，冷却，稀释至 1 000 mL。

20. 硫酸铜溶液（20 g/L）

称取 2 g 硫酸铜（$CuSO_4 \cdot 5H_2O$）溶于水，加 2 滴硫酸，搅拌稀释至 100 mL。

21. 硫酸亚铁溶液（50 g/L）

称取 5 g 硫酸亚铁（$FeSO_4 \cdot 7H_2O$），溶于适量水中，加 10 mL 硫酸，稀释至 100 mL。

22. 磷酸二氢钠溶液（200 g/L）

称取 20 g 磷酸二氢钠（$NaH_2PO_4 \cdot 2H_2O$），溶于水，加 1 mL 硫酸溶液（20%），稀释至 100 mL。

（五）常用缓冲溶液的制备

1. 缓冲溶液的概念及其基本原理

在分析化学中常用到缓冲溶液，所谓缓冲溶液是一种能对溶液的酸度起稳定（缓冲）作用的溶液。如在溶液中加入少量的酸或碱，或将溶液稍加稀释，缓冲溶液均能使溶液的酸度基本保持不变。

缓冲溶液一般是由浓度较大的弱酸与其共轭碱或弱碱与其共轭酸组成，如乙酸-乙酸钠（CH_3COOH 和 CH_3COONa）和氨/氯化铵溶液（$NH_3 \cdot H_2O$ 和 NH_4Cl）。在乙酸-乙酸钠体系中，如果溶液中氢离子多了，乙酸根离子便与它起反应，生成难以电离的弱电解质乙酸，如溶液中氢离子少了，乙酸就发生离解产生氢离子，以补偿氢离子的减少，从而对溶液的酸度起稳定作用。在高浓度的强酸或强碱溶液中，由于外加少量的酸或碱对溶液的酸度影响不大，因此，强酸强碱溶液本身具有缓冲性，也是缓冲溶液。但在实际工作中，强酸强碱作缓冲溶液一般主要用于控制 pH 值<2 或 pH 值>12 的溶液。

缓冲溶液只能是在加入少量酸或碱的情况下，基本保持溶液的 pH 值不变。但在加入大量的酸或碱的情况下，缓冲溶液的缓冲作用就会被破坏。因此，每种缓冲溶液都有一定的缓冲容量，所谓缓冲容量是衡量缓冲溶液缓冲能力的尺度，缓冲容量的大小不仅与缓冲剂的浓度有关，也与缓冲组分比值有关。缓冲溶液的有效缓冲范围为：弱酸及其共轭碱体系 $pH \approx pK_a \pm 1$，$pOH \approx pK_b \pm 1$。当缓冲组分的比值为 1:1 时，缓冲容量最大，这时 $pH = pK_a$，$pOH = pK_b$，缓冲组分的比值离 1:1 越远，缓冲容量就越小。

2. 配制缓冲溶液的原则

在配制缓冲溶液时，应考虑如下原则。

（1）缓冲溶液对分析过程无影响。

（2）组成缓冲溶液酸的 pK_a 值应接近所需控制的 pH 值，组成缓冲溶液的碱的 pK_b 值应接近所需控制的 pOH 值。

（3）缓冲溶液应有足够缓冲容量，最好两组分的浓度比为 1:1。

3. 常用缓冲溶液的制备方法

（1）尿素缓冲溶液。分别称取 4.45 g 磷酸氢二钠和 3.40 g 磷酸二氢钾，一并溶于水，并稀释至 1 000 mL，再将 30 g 尿素溶于此缓冲溶液中，有效期 1 个月。

（2）乙酸-乙酸钠缓冲溶液（pH 值 ≈ 3）。称取 0.8 g 乙酸钠（$CH_3COONa \cdot 3H_2O$），溶于水，加 5.4 mL 乙酸（冰醋酸），稀释至 1 000 mL。

（3）乙酸-乙酸钠缓冲溶液（pH 值 ≈ 4.5）。称取 164 g 乙酸钠（$CH_3COONa \cdot 3H_2O$）溶于水，加 84 mL 乙酸（冰醋酸），稀释至 1 000 mL。

（4）乙酸-乙酸钠缓冲溶液（pH 值为 4~5）。称取 68 g 乙酸钠（$CH_3COONa \cdot 3H_2O$），溶于水，加 28.6 mL 乙酸（冰醋酸），稀释至 1 000 mL。

（5）乙酸-乙酸钠缓冲溶液（pH 值 ≈ 6）。称取 100 g 乙酸钠（$CH_3COONa \cdot 3H_2O$），溶于水，加 5.7 mL 乙酸（冰醋酸），稀释至 1 000 mL。

（6）乙酸-乙酸铵缓冲溶液（pH 值为 4~5）。称取 38.5 g 乙酸铵，溶于水，加 28.6 mL 乙酸（冰醋酸），稀释至 1 000 mL。

（7）乙酸-乙酸铵缓冲溶液（pH 值 ≈ 6.5）。称取 59.8 g 乙酸铵，溶于水，加 1.4 mL 的乙酸（冰醋酸），稀释至 200 mL。

（8）氨-氯化铵缓冲溶液甲（pH 值 ≈ 10）。称取 54 g 氯化铵，溶于水，加 350 mL 氨水，稀释至 1 000 mL。

（9）氨-氯化铵缓冲溶液乙（pH 值 ≈ 10）。称取 26.7 g 氯化铵，溶于水，加 36 mL 氨水，稀释至 1 000 mL。

（六）常用指示剂及指示液的制备

1. pH 试纸

pH 试纸通常用于检测溶液的酸碱度，由于其具有结果颜色可对比性，因此对于大致了解溶液的酸碱度具有十分直观的特点。

国产试纸分为广泛 pH 试纸和精密 pH 试纸两种。广泛 pH 试纸按照变色范围又分为 pH 值为 1~10、1~12、1~14 和 9~14，最常用的是 pH 值为 1~14 的 pH 试纸。精密 pH 试纸按照变色范围分类更多，但精密 pH 试纸要测定的 pH 变色范围值小于 1，因此，很容易受到空气中酸性和碱性气体的干扰，不易保存。如果需要精确控制溶液的 pH

值，最好用酸度计测量控制。

2. 指示剂

化学滴定分析中用到的指示剂一般分为酸碱指示剂、氧化还原指示剂、沉淀滴定指示剂和金属指示剂。

酸碱指示剂又称 pH 指示剂、氢离子浓度指示剂，是用来测试溶液酸碱度的化学试剂。它们本身是弱酸或弱碱，并含有色素，在滴入溶液时色素会与氢离子（H^+）或氢氧根离子（OH^-）结合，转化成相应的酸式或碱式物质，从而显示不同的色泽。因此，酸碱滴定中一般是利用酸碱指示剂颜色的突然变化来指示滴定终点。

酸碱滴定中常用的指示剂是酚酞，酚酞为无色的二元弱酸，当溶液中的 pH 值渐渐升高时，酚酞先离解出一个氢离子，形成无色的离子；然后再离解出第二个氢离子并发生结构的改变，成为具有共轭体系醌式结构的红色离子。这个转变过程是可逆过程，当溶液 pH 值降低时，平衡向反方向移动，酚酞又变成无色分子。因此，酚酞在酸性溶液中呈无色，当溶液 pH 值升高到一定数值时变成红色。

各种指示剂的平衡常数不同，变色范围也不同。表 4-4 列出了几种常用酸碱指示剂的变色范围。

表 4-4 几种常用酸碱指示剂的变色范围

指示剂名称	变色范围（pH 值）	颜色变化	指示剂浓度	指示剂用量/滴
百里酚蓝	1.2~2.8	红—黄	0.1%的20%乙醇溶液	1~2
甲基黄	2.9~4.0	红—黄	0.1%的90%乙醇溶液	1
甲基橙	3.1~4.4	红—黄	0.05%的水溶液	1
溴酚蓝	3.0~4.6	黄—紫	0.1%的20%乙醇溶液或其钠盐水溶液	1
溴甲酚绿	4.0~5.6	黄—蓝	0.1%的20%乙醇溶液或其钠盐水溶液	1~3
甲基红	4.4~6.2	红—黄	0.1%的60%乙醇溶液或其钠盐水溶液	1
溴百里酚蓝	6.2~7.6	黄—蓝	0.1%的20%乙醇溶液或其钠盐水溶液	1
中性红	6.8~8.0	红—黄橙	0.1%的60%乙醇溶液	1
苯酚红	6.8~8.4	黄—红	0.1%的60%乙醇溶液或其钠盐水溶液	1
酚酞	8.0~10.0	无—红	0.5%的90%乙醇溶液	1~3
百里酚蓝	8.0~9.6	黄—蓝	0.1%的20%乙醇溶液	1~4
百里酚酞	9.4~10.6	无—蓝	0.1%的90%乙醇溶液	1~2

3. 常用指示剂及指示液的制备方法

（1）二甲酚橙指示液（2 g/L）。称取 0.2 g 二甲酚橙，用水溶解并稀释至 100 mL。

（2）甲基百里香酚蓝指示剂。称取 1 g 甲基百里香酚蓝和 100 g 硝酸钾，混匀，研细。

（3）甲基红指示液（1 g/L）。称取 0.1 g 甲基红，用乙醇（95%）溶解并稀释至 100 mL。

（4）甲基橙指示液（1 g/L）。称取 0.1 g 甲基橙，溶于 70 ℃ 的水中，冷却，用水稀释至 100 mL。

（5）甲基紫指示液（0.5 g/L）。称取 0.05 g 甲基紫，用水溶解并稀释至 100 mL。

（6）对硝基酚指示液（1 g/L）。称取 0.1 g 对硝基酚，用乙醇（95%）溶解并稀释至 100 mL。

（7）结晶紫指示液（5 g/L）。称取 0.5 g 结晶紫，用乙酸（冰醋酸）溶解并稀释至 100 mL。

（8）淀粉指示液（10 g/L）。称取 1 g 淀粉，加 5 mL 水使其成糊状，在搅拌下将糊状物加到 90 mL 沸腾的水中，煮沸 1~2 min，冷却稀释至 100 mL，使用期为 2 周。

（9）酚酞指示液（10 g/L）。称取 1 g 酚酞，用乙醇（95%）溶解并稀释至 100 mL。

（10）铬黑 T 指示剂。称取 1 g 铬黑 T 和 100 g 氯化钠，混合，研细。

（11）铬黑 T 指示液（5 g/L）。称取 0.5 g 铬黑 T 和 2 g 盐酸羟胺，用乙醇（95%）溶解并稀释至 100 mL，临用现配。

（12）溴甲酚绿指示液（1 g/L）。称取 0.1 g 溴甲酚绿，用乙醇（95%）溶解并稀释至 100 mL。

（13）溴甲酚绿-甲基红指示液。溶液 1：称取 0.1 g 溴甲酚绿，用乙醇（95%）溶解，并稀释至 10 mL。溶液 2：称取 0.2 g 甲基红，用乙醇（95%）溶解并稀释至 100 mL。取 30 mL 溶液 1，10 mL 溶液 2，混匀。

（14）溴甲酚紫指示液（1 g/L）。称取 0.1 g 溴甲酚紫，用乙醇（95%）溶解并稀释至 100 mL。

（七）常用制品的制备方法

（1）乙酸铅棉花：取脱脂棉，用乙酸铅溶液（50 g/L）浸透后，除去过多的溶液，于暗处晾干。储存于棕色瓶中。

（2）乙酸铅试纸：取适量无灰滤纸，用乙酸铅溶液（50 g/L）浸透，取出，于暗处晾干。储存于棕色瓶中。

（3）淀粉-碘化钾试纸：于 100 mL 新配制的淀粉溶液（10 g/L）中，加 0.2 g 碘化钾，将无灰滤纸放入该溶液中浸透，取出，于暗处晾干。储存于棕色瓶中。

（4）溴化汞试纸：称取 1.25 g 溴化汞，溶于 25 mL 乙醇（95%）。将无灰滤纸放入该溶液中浸泡 1 h，取出，于暗处晾干。储存于棕色瓶中。

三、杂质测定用标准溶液的制备

本部分内容参照《化学试剂　杂质测定用标准溶液的制备》（GB/T 602—2002）

编写。

（一）一般规定

（1）除非检验方法中另有说明或规定，所用试剂的纯度，应在分析纯以上。

（2）除非检验方法中另有说明或规定，分析过程与配制试剂的用水，应符合 GB/T 6682—2008 中三级水的规定。

（3）杂质测定用标准溶液，应使用分度吸管量取。每次量取时，以不超过所量取杂质测定用标准溶液体积的 3 倍量选用分度吸管。

（4）杂质测定用标准溶液的量取体积应在 0.05～2.00 mL。当量取体积少于 0.05 mL 时，应将杂质测定用标准溶液按比例稀释，稀释的比例，以稀释后的溶液在应用时的量取体积不小于 0.05 mL 为准；当量取体积大于 2.00 mL 时，应在原杂质测定用标准溶液制备方法的基础上，按比例增加所用试剂和制剂的加入量，增加比例以制备后溶液在应用时的量取体积不大于 2.00 mL 为准。

（5）杂质测定用标准溶液，在 15～25 ℃下，有效期一般为 2 个月，当出现浑浊、沉淀或颜色有变化等现象时，应重新制备。

（6）所用溶液以"%"表示的均为质量分数，只有 95%乙醇中的"%"为体积分数。

（二）常用杂质测定用标准溶液的制备方法

常用杂质测定用标准溶液的制备方法见表 4-5。

表 4-5　杂质测定用标准溶液的制备方法

序号	名称	浓度/（mg/mL）	制备方法
1	草酸盐	0.1	称取 0.143 g 草酸溶于水。移入 1 000 mL 容量瓶，稀释至刻度。临用现配
2	二氧化硅	1	称取 1.000 g 二氧化硅，置于铂金坩埚中，加 3.3 g 无水碳酸钠，混匀，于 1 000 ℃加热至完全熔融，冷却，溶于水，移入 1 000 mL 容量瓶中，稀释至刻度，储存于聚乙烯瓶中
3	氟化物	0.1	称取 0.221 g 氟化钠，溶于水，移入 1 000 mL 容量瓶，稀释至刻度。储存于聚乙烯瓶中
4	氯化物	0.1	称取 0.165 g 于 500～600 ℃灼烧至恒重的氯化钠，溶于水，移入 1 000 mL 容量瓶中，稀释至刻度
5	磷	0.1	称取 0.439 g 磷酸二氢钾，溶于水，移入 1 000 mL 容量瓶中，稀释至刻度
6	钙	0.1	方法 1：称取 0.250 g 于 105～110 ℃干燥至恒重的碳酸钙，溶于 10 mL 盐酸溶液（10%），移入 1 000 mL 容量瓶中，稀释至刻度；方法 2：称取 0.367 g 氯化钙溶于水，移入 1 000 mL 容量瓶中，稀释至刻度
7	磷酸盐	0.1	称取 0.143 g 磷酸二氢钾，溶于水，移入 1 000 mL 容量瓶中，稀释至刻度

（续表）

序号	名称	浓度/（mg/mL）	制备方法
8	锰	0.1	方法1：称0.275 g于400~500 ℃灼烧至恒重的无水硫酸锰，溶于水，移入1 000 mL容量瓶中，稀释至刻度； 方法2：称取0.308 g硫酸锰溶于水，移入1 000 mL容量瓶中，稀释至刻度
9	铁	0.1	称取0.864 g硫酸铁铵，溶于水，加10 mL硫酸溶液（25%），移入1 000 mL容量瓶中，稀释至刻度
10	铜	0.1	称取0.393 g硫酸铜，溶于水，移入1 000 mL容量瓶中，稀释至刻度
11	锌	0.1	方法1：称取0.125 g氧化锌，溶于100 mL水及1 mL硫酸中，移入1 000 mL容量瓶中，稀释至刻度； 方法2：称取0.440 g硫酸锌溶于水，移入1 000 mL容量瓶中，稀释至刻度
12	砷	0.1	称取0.132 g于硫酸干燥器中干燥至恒重的三氧化二砷，温热溶于1.2 mL氢氧化钠溶液（100 g/L），移入1 000 mL容量瓶中。稀释至刻度
13	铅	0.1	称取0.160 g硝酸铅，用10 mL硝酸溶液（1+9）溶解，移入1 000 mL容量瓶中，稀释至刻度

四、标准滴定溶液的制备

本部分内容参照《化学试剂 标准滴定溶液的制备》（GB/T 601—2016）编写。

标准溶液是一种已知准确浓度的溶液，用基准物质或标准物质配制而成。在饲料企业的实验室中最常用到的是物质的量浓度标准溶液。这里只介绍标准滴定溶液的一般规定及常用的物质的量浓度标准溶液的配制与标定方法。

（一）一般规定

（1）所用试剂的级别应在分析纯（含分析纯）以上，所用制剂及制品符合国家GB/T 603—2023的规定，实验用水符合GB/T 6682—2008中三级水的规定。

（2）标准滴定溶液的浓度，除高氯酸外均指20 ℃的浓度。

（3）在标定和使用标准滴定溶液时，滴定速度一般应保持在6~8 mL/min。

（4）制备标准滴定溶液的浓度值应在规定浓度值的±5%范围以内。

（5）标定标准滴定溶液的浓度时，必须两人同时进行，分别各做四平行。同时每人的四平行测定结果极差的相对值不得大于重复性临界极差的相对值（0.15%），两人八平行测定结果极差的相对值不得大于重复性临界极差的相对值（0.18%）。取两人八平行测定结果的平均值为测定结果，在运算过程中保留5位有效数字，浓度值报出结果取4位有效数字。

（6）除非另有规定，标准滴定溶液在15~25 ℃下有效期为2个月，当溶液出现浑浊、沉淀、颜色变化等现象时应重新制备。

（7）储存标准滴定溶液的容器，其材料应不与标准滴定溶液发生理化反应，壁厚最薄处不小于 0.5 mm。

（8）标准滴定溶液的浓度≤0.02 mol/L 时，应于临用前将高浓度的标准滴定溶液用煮沸并冷却的水稀释，必要时重新标定。

（9）所用溶液以"%"表示的均为质量分数，只有 95%乙醇中的"%"为体积分数。

（二）基准物质

凡能用于直接配制或标定标准溶液的物质，称为基准物质。基准物质应符合下列要求。

（1）纯度高，杂质的含量应少到不至于影响分析准确度。一般要求纯度 99.95%以上。

（2）组成恒定，应与化学式完全符合，若有结晶水，其含量也应固定不变。例如，硼砂结晶水的含量也应与化学式符合。

（3）性质稳定，在保存或称量过程中组成与质量不变。例如，干燥时不分解，称量时不吸湿，不吸收空气中的二氧化碳，不被空气氧化等。

（4）具有较大的摩尔质量，因为摩尔质量越大，称量时相对误差就越小。所以，称量基准物质的质量≤0.5 g 时，应精确至 0.01 mg；当称量值大于 0.5 g 时，应精确至 0.1 mg。

常用基准物质及其使用条件见表 4-6。

表 4-6　常用基准物质及其使用条件

名称	干燥条件/℃	标定对象
碳酸氢钠	270~300	酸
无水碳酸钠	270~300	酸
硼砂	放在装有氯化钠和蔗糖饱和溶液于干燥器中	酸
二水合草酸	室温空气干燥	碱或高锰酸钾
邻苯二甲酸氢钾	105~110	碱或高氯酸
重铬酸钾	120	还原剂
溴酸钾	130	还原剂
碘酸钾	110	还原剂
铜	室温干燥器中	还原剂
三氧化二砷	105（1 h）	氧化剂
碳酸钙	110	乙二胺四乙酸二钠
锌	室温干燥器中	乙二胺四乙酸二钠
氧化锌	800	乙二胺四乙酸二钠

(续表)

名称	干燥条件/℃	标定对象
氯化钠	270	硝酸银
硝酸银	280~290	氯化物
草酸钠	110	高锰酸钾

(三) 标准滴定溶液的配制

(1) 直接配制法。准确称取一定量的基准物质，溶解并稀释至准确的体积，计算求出该溶液的准确浓度。采用直接配制法配制标准滴定溶液的物质必须是基准物质。例如，氯化钠、重铬酸钾、邻苯二甲酸氢钾等。

(2) 间接配制法。很多物质不符合基准物质的条件，如氢氧化钠易吸收空气中的水分和二氧化碳，因此计算的质量不能代表氢氧化钠的真正质量；浓盐酸易挥发，组成不定（恒沸点盐酸除外）等。因此，这些物质必须采用间接配制法制备标准滴定溶液。

首先配制一种近似所需浓度的溶液，然后用基准物质或已知浓度的标准滴定溶液来确定其准确浓度。

(四) 常用标准滴定溶液的制备方法

1. 硫酸标准滴定溶液

(1) 配制。量取表4-7中规定体积的浓硫酸，缓注入1 000 mL水中，冷却，摇匀。

表4-7 硫酸标准滴定溶液浓度及浓硫酸用量

$C\ (\frac{1}{2}H_2SO_4)\ /\ (mol/L)$	硫酸/mL
1	30
0.5	15
0.1	3

(2) 标定。将于270~300 ℃灼烧至恒重的基准无水碳酸钠按表4-8规定量称取，精确至0.000 1 g，溶于50 mL水中，加10滴溴甲酚绿-甲基红混合指示液，用配制好的硫酸标准滴定溶液滴定至溶液由绿色变为暗红色，煮沸2 min，冷却后继续滴定至溶液再呈暗红色。同时做空白试验。

表4-8 硫酸标准滴定溶液浓度及基准试剂用量

$C\ (\frac{1}{2}H_2SO_4)\ /\ (mol/L)$	基准无水碳酸钠/g
1	1.9
0.5	0.95
0.1	0.2

硫酸标准滴定溶液浓度按式（4-13）计算：

$$C(\frac{1}{2}H_2SO_4) = \frac{m}{(V_1 - V_2) \times 0.052\,99} \quad (4-13)$$

式中：$C(\frac{1}{2}H_2SO_4)$ 表示硫酸标准滴定溶液的浓度，数值以摩尔每升（mol/L）表示；V_1 表示硫酸溶液体积，单位为 mL；V_2 表示空白试验消耗硫酸溶液体积，单位为 mL；m 表示无水碳酸钠的质量，单位为 g。

2. 氢氧化钠标准滴定溶液

（1）配制。称取 110 g 氢氧化钠溶于 100 mL 无二氧化碳的水中，摇匀，注入聚乙烯容器中，密闭放置至溶液清亮。用塑料管虹吸取表 4-9 规定体积的上层清液，用无二氧化碳的水，稀释至 1 000 mL，摇匀。

表 4-9　氢氧化钠标准滴定溶液的配制

C（NaOH）/（mol/L）	氢氧化钠溶液/mL
1	54
0.5	27
0.1	5.4

（2）标定。按表 4-10 规定，称取于 105~110 ℃ 干燥至恒重的基准邻苯二甲酸氢钾，精确至 0.000 1 g，溶于规定体积的无二氧化碳的水中，加 2 滴酚酞指示液（10 g/L），用配制好的氢氧化钠标准滴定溶液滴定至溶液呈粉红色，并保持 30 s。同时做空白试验。

表 4-10　氢氧化钠标准滴定溶液的标定

C（NaOH）/（mol/L）	基准邻苯二甲酸氢钾/g	无二氧化碳的水/mL
1	7.5	80
0.5	3.6	80
0.1	0.75	50

氢氧化钠标准滴定溶液浓度按式（4-14）计算：

$$C(NaOH) = \frac{m}{(V_1 - V_2) \times 0.204\,2} \quad (4-14)$$

式中：C（NaOH）表示氢氧化钠标准滴定溶液浓度，数值以摩尔每升（mol/L）表示；V_1 表示氢氧化钠溶液体积，单位为 mL；V_2 表示空白试验消耗氢氧化钠溶液体积，单位为 mL；m 表示邻苯二甲酸氢钾的质量，单位为 g。

3. 盐酸标准滴定溶液

（1）配制。量取表 4-11 规定的浓盐酸，注入 1 000 mL 水中，摇匀。

表 4-11　盐酸标准滴定溶液的浓度与浓盐酸的用量

C （HCl） / （mol/L）	浓盐酸/mL
1	90
0.5	45
0.1	9

（2）标定。按表 4-12 规定，称取于 270~300 ℃灼烧至恒重的基准无水碳酸钠，精确至 0.000 1 g，溶于 50 mL 水中，加 10 滴溴甲酚绿-甲基红混合指示液，用配制好的盐酸标准滴定溶液滴定至溶液由绿色变为暗红色，煮沸 2 min，冷却后继续滴定至溶液再呈暗红色。同时做空白试验。

表 4-12　盐酸标准滴定溶液浓度与基准试剂用量

C （HCl） （mol/L）	基准无水碳酸钠 （g）
1	1.9
0.5	0.95
0.1	0.2

盐酸标准滴定溶液浓度按式（4-15）计算：

$$C（HCl）= \frac{m}{(V_1 - V_2) \times 0.052\ 99} \tag{4-15}$$

式中：C（HCl）表示盐酸标准滴定溶液浓度，数值以摩尔每升（mol/L）表示；V_1 表示盐酸溶液体积，单位为 mL；V_2 表示空白试验消耗盐酸溶液体积，单位为 mL；m 表示称取无水碳酸钠质量，单位为 g。

4. 硝酸银标准滴定溶液（0.1 mol/L）

（1）配制。称取 17.5 g 硝酸银，溶于 1 000 mL 水中，摇匀。溶液储存于棕色瓶中。

（2）标定。称取 0.22 g 于 500~600 ℃灼烧至恒重的基准氯化钠，精确至 0.000 01 g，溶于 70 mL 水中，加 10 mL 淀粉溶液（10 g/L），用配制好的硝酸银标准滴定溶液（0.1 mol/L）滴定。用 216 型银电极作指示电极，用 217 型双盐桥饱和甘汞电极作参比电极。

硝酸银标准滴定溶液浓度按式（4-16）计算：

$$C（AgNO_3）= \frac{m}{(V_1 - V_2) \times 0.058\ 44} \tag{4-16}$$

式中：C（AgNO$_3$）表示硝酸银标准滴定溶液浓度，数值以摩尔每升（mol/L）表示；m 表示称取氯化钠的质量，单位为 g；V_1 表示消耗硝酸银溶液体积，单位为 mL；V_2 表示空白试验消耗硝酸银溶液体积，单位为 mL。

5. 高锰酸钾标准滴定溶液（0.1 mol/L）

（1）配制。称取高锰酸钾约 3.3 g，溶于 1 050 mL 蒸馏水中，缓缓煮沸 15 min，冷却，于暗处放置 2 周，用 4 号烧结玻璃滤器过滤，保存于棕色瓶中。

（2）标定。草酸钠（基准物）于 105 ℃ 干燥 2h，存于干燥器中。称取 0.25 g，精确至 0.000 01 g，溶于 100 mL 硫酸溶液中（8+92），将此溶液加热至 75~85 ℃，用配制好的高锰酸钾标准滴定溶液滴定，溶液呈现粉红色且 30s 不褪色为终点，滴定结束时，溶液温度在 60 ℃ 以上。同时做空白试验。

高锰酸钾标准滴定溶液浓度按式（4-17）计算：

$$C(\frac{1}{5}KMnO_4) = \frac{m}{(V_1 - V_2) \times 0.067\ 00} \tag{4-17}$$

式中：$C(\frac{1}{5}KMnO_4)$ 表示高锰酸钾标准滴定溶液浓度，数值以摩尔每升(mol/L)表示；V_1 表示高锰酸钾溶液体积，单位为 mL；V_2 表示空白试验消耗高锰酸钾溶液体积，单位为 mL；m 表示称取草酸钠质量，单位为 g。

6. EDTA 标准滴定溶液（0.01 mol/L）

（1）配制。称取 3.8 g EDTA 于 200 mL 烧杯中，加 200 mL 水，加热溶解，冷却，转至 1 000 mL 容量瓶中，用水稀释至刻度，摇匀。

（2）钙标准溶液（0.001 0 g/mL）的配制。称取 2.497 4 g 于 105~110 ℃ 干燥 3 h 的基准碳酸钙，溶于 40 mL 盐酸（1+3）中，加热驱赶二氧化碳，冷却，用水移至 1 000 mL 容量瓶中，稀释至刻度。

（3）EDTA 标准滴定溶液的标定。准确吸取钙标准溶液 10.0 mL，加水 50 mL，加淀粉溶液（10 g/L）10 mL、三乙醇胺 2 mL、乙二胺 1 mL、1 滴孔雀石绿（1 g/L），滴加氢氧化钾溶液（200 g/L）至无色，再过量 10 mL，加 0.1 g 盐酸羟胺（每加一种试剂都必须混匀），加钙黄绿素少许，在黑色背景下立即用 EDTA 标准滴定溶液滴定至绿色荧光消失呈现紫红色为滴定终点。

EDTA 标准滴定溶液对钙的滴定度按式（4-18）计算：

$$T = \frac{\rho \times V}{V_0} \tag{4-18}$$

式中：T 表示 EDTA 标准滴定溶液对钙的滴定度，数值以克每毫升（g/mL）表示；ρ 表示钙标准溶液的浓度，单位为 g/mL；V 表示消耗钙标准溶液体积，单位为 mL；V_0 表示消耗 EDTA 溶液体积，单位为 mL。

7. 高氯酸标准滴定溶液（0.1 mol/L）

（1）配制。量取 8.7 mL 高氯酸，在搅拌下注入 500 mL 乙酸（冰醋酸）中，混匀。滴加 20 mL 乙酸酐，搅拌至溶液均匀。冷却后用乙酸（冰醋酸）稀释至 100 mL。

（2）标定。称取 0.75 g 于 105~110 ℃ 烘箱中干燥至恒重的基准试剂邻苯二甲酸氢钾，置于干燥的锥形瓶中，加入 50 mL 乙酸（冰醋酸），温热溶解。加 3 滴结晶紫指示液（5 g/L），用配制好的高氯酸标准滴定溶液滴定至溶液由紫色变为蓝色（略带紫色）。临用前标定。

高氯酸标准滴定溶液浓度按式（4-19）计算：

$$C(HClO_4) = \frac{m \times 1\ 000}{(V_1 - V_2) \times M} \tag{4-19}$$

式中：C（$HClO_4$）表示高氯酸标准滴定溶液浓度，数值以摩尔每升（mol/L）表示；m 表示称取邻苯二甲酸氢钾的质量，单位为 g；V_1 表示高氯酸溶液体积，单位为 mL；V_2 表示空白试验消耗高氯酸溶液体积，单位为 mL。

（3）修正方法。使用高氯酸标准滴定溶液时的温度应与标定时的温度相同；若温度不同，应将高氯酸标准滴定溶液的浓度修正到使用温度下的浓度值。

高氯酸标准滴定溶液修正后的浓度 C（$HClO_4$），数值以摩尔每升（mol/L）表示；t_1 表示使用时高氯酸标准滴定溶液温度，单位为℃；t 表示标定时高氯酸标准滴定溶液温度，单位为℃。

$$C（HClO_4）= \frac{C}{1 + 0.001\,1(t_1 - t)} \tag{4-20}$$

式中：C 表示高氯酸标准溶液滴定的浓度，单位为 mol/L。

8. 硫代硫酸钠标准滴定溶液（0.1 mol/L）

（1）配制。称取 26 g 硫代硫酸钠（$NaS_2O_3 \cdot 5H_2O$）（或 16 g 无水硫代硫酸钠），加 0.2 g 无水碳酸钠，溶于 1 000 mL 水中，缓缓煮沸 10 min，冷却。放置 2 周后过滤。

（2）标定。称取 0.18 g 于（120±2）℃干燥至恒重的基准试剂重铬酸钾，精确至 0.000 01 g，置于碘量瓶中，溶于 25 mL 水，加 2 g 碘化钾及 20 mL 硫酸溶液（20%），摇匀，于暗处放置 10 min。加 150 mL 水（15~20 ℃），用配制好的硫代硫酸钠标准滴定溶液滴定，近终点时加 2 mL 淀粉指示液（10 g/L），继续滴定至溶液由蓝色变为亮绿色。同时做空白试验。

硫代硫酸钠标准滴定溶液的浓度按式（4-21）计算：

$$C（Na_2S_2O_3 \cdot 5H_2O）= \frac{m \times 1\,000}{(V_1 - V_2) \times 49.03} \tag{4-21}$$

式中：C（$NaS_2O_3 \cdot 5H_2O$）表示硫代硫酸钠标准滴定溶液浓度，数值以摩尔每升（mol/L）表示；V_1 表示硫化硫酸钠溶液体积，单位为 mL；V_2 表示空白试验硫化硫酸钠溶液体积，单位为 mL；m 表示称取重铬酸钾的质量，单位为 g。

9. 氢氧化钾-乙醇标准滴定溶液（0.01 mol/L）

（1）配制。称取 2.8 g 氢氧化钾，溶于 100 mL 水中即成为 0.5 mol/L 氢氧化钾水溶液。取 20 mL 0.5 mol/L 氢氧化钾水溶液用 95%（V/V）乙醇溶液稀释至 1 000 mL，置于聚乙烯容器中。

（2）标定。称取 0.05 g（精确至 0.000 01 g）已于 105~110 ℃烘箱中干燥 2 h 并冷却后的基准试剂邻苯二甲酸氢钾于三角瓶中，用 50 mL 无二氧化碳的水溶解，加 3 滴酚酞指示液（10 g/L），用配制好的氢氧化钾乙醇标准滴定溶液滴定至溶液呈粉红色，同时做空白试验。临用前标定。

氢氧化钾-乙醇标准滴定溶液的浓度按式（4-22）计算：

$$C（KOH）= \frac{m \times 1\,000}{(V_1 - V_2) \times 204.22} \tag{4-22}$$

式中：C（KOH）表示氢氧化钾-乙醇标准滴定溶液浓度，数值以摩尔每升

（mol/L）表示；V_1 表示氢氧化钾-乙醇溶液体积，单位为 mL；V_2 表示空白试验消耗氢氧化钾-乙醇溶液体积，单位为 mL；m 表示称取邻苯二甲酸氢钾的质量，单位为 g。

10. **硫氰酸钠（或硫氰酸钾或硫氰酸铵）标准滴定溶液**

$$C（NaSCN）= 0.1 \ mol/L, \ C（KSCN）= 0.1 \ mol/L,$$
$$C（NH_4SCN）= 0.1 \ mol/L$$

（1）配制。称取 8.2 g 硫氰酸钠（或 9.7 g 硫氰酸钾或 7.9 g 硫氰酸铵），溶于 1 000 mL 水中，摇匀。

（2）标定。称取 0.6 g 于干燥器中干燥至恒重的基准试剂硝酸银，溶于 90 mL 水中，加 10 mL 淀粉溶液（10 g/L）及 10 mL 硝酸溶液（25%），以 216 型银电极做指示电极、217 型双盐桥饱和甘汞电极做参比电极，用配制好的硫氰酸钠（或硫氰酸钾或硫氰酸铵）标准滴定溶液滴定。

硫氰酸钠（或硫氰酸钾或硫氰酸铵）标准滴定溶液的浓度按式（4-23）计算：

$$C = \frac{m \times 1\ 000}{(V_1 - V_2) \times 169.9} \tag{4-23}$$

式中：C 表示硫氰酸钠（或硫氰酸钾或硫氰酸铵）标准滴定溶液浓度，数值以摩尔每升（mol/L）表示；m 表示称取硝酸银的质量，单位为 g；V_1 表示硫氰酸钾溶液体积，单位为 mL；V_2 表示空白试验消耗硫氰酸钾溶液体积，单位为 mL。

第五章　检测数据的分析处理

第一节　误差及产生原因

由于客观条件限制和主观因素影响，熟练的检测人员在相同的条件下对同一产品的同一项目进行多次测定，也不可能得到完全一致的检测结果，检验误差客观存在。根据检验误差的性质和产生的原因，可将检验误差分为系统误差、随机误差和过失误差。

一、系统误差

系统误差是指在重复性条件下，对同一被测物进行无限多次测量所得结果的平均值与被测物的真实值之差。重复性条件是指在尽量相同的条件下，包括测量步骤、人员、仪器、试剂、溶液和环境等以及尽量短的时间间隔内完成重复测量任务，这里的"短的时间间隔"可理解为保证测量条件相同或保持不变的时间段，它取决于人员的素质、仪器的性能以及对各种影响量的监控。系统误差是由分析过程中某些经常发生的原因造成的，对结果的影响较为固定，在同一条件下重复测定时，它会重复出现。因此，系统误差的大小往往可以估计，也可以设法减小或加以校正。系统误差按其产生的原因可分为以下4类。

1. 仪器误差

主要是仪器本身不够精密或未经校正所引起的，如天平、砝码和量器刻度不够准确等，在使用过程中就会使测定结果产生系统误差。

2. 试剂误差

由于试剂的纯度不够或蒸馏水中含有微量杂质所引起的误差。

3. 方法误差

这种误差是由于分析方法本身所造成的。例如，在重量分析中，由于沉淀的溶解造成损失或因吸附某些杂质而产生的误差。在滴定分析中，因为反应进行不完全或干扰离子的影响以及滴定终点和理论终点不符合等，都会系统地影响测定结果，从而产生系统误差。

4. 操作误差

指在正常操作情况下，由于分析工作者掌握操作规程与正确控制条件稍有出入而引起的误差。例如，滴定管读数时偏高或偏低，对某种颜色的变化判别不够敏锐等所造成的误差。

系统误差可以用对照试验、空白试验和校正仪器等方法加以校正和避免。所谓对照试验就是在分析某试样时，对与已知成分较接近的标准试样按同一方法进行操作。例如，已知某标准试样的真实含量为98.80%，经用被检方法测定结果为98.70%，则说明其分析方法及操作方法的系统误差为-0.10%。

所谓空白试验是在不加试样的情况下，按照被测试样的分析步骤和条件进行分析的试验，得到的结果称为"空白值"，从试样的分析结果中减去"空白值"就可以得到更接近于真实含量的分析结果。这些误差是由试剂、蒸馏水、实验器皿、仪器设备和环境带入的杂质所引起的。

二、随机误差

随机误差是指在重复性条件下，对同一被测物进行无限多次测量所得结果的平均值与被测物的测量结果之差，也叫偶然误差。它产生的原因和系统误差不同，它是由某些偶然因素（如测定时环境的温度、湿度和气压的微小波动，或由于外界条件的影响而使安放在操作台上的天平受到微小的振动以及仪器性能的微小波动）所引起的，其影响有时大有时小，有时正有时负。随机误差难以察觉，也难以控制。但是，在清除系统误差后，在同样条件下进行多次测定，则可发现随机误差几乎有相等出现的规律。随机误差的规律性包括：同样大小的正负随机误差几乎有相等出现的规律；小误差出现的机会多；大误差出现的机会少。

随机误差的这种规律性，可由误差的正态分布曲线表示。从曲线可以知道，随着测定次数的增加，随机误差的算术平均值将逐渐接近于0。因此，多次测定结果的平均值更接近于真实值。所谓多次测定，也不是实验次数越多越好，因为这样做会浪费很多人力、物力和时间。在一般测定中，有时只做2~3次平行测定即可。

三、过失误差

过失误差是由于操作不正确、粗心大意读错数等过失造成的与实际数据不相符的误差，它不属于误差的讨论范围。检验人员必须认真对待，避免过失误差。

第二节　准确度与精密度

在定量分析中，不仅要测定试样中某组分的含量，还要善于分析检测结果是否准确可靠。在产品质量检验过程中，只有检测结果准确才能起到指导生产的实际作用。对检测结果的判断常用准确度和精密度表示。

一、准确度

检测结果的准确度是指检测结果与真实值之间的符合程度。通常用误差的大小表示。误差越小表示检测结果越准确，即准确度越高。

误差是指测量值与真实值之间的差值。真实值指某物理量客观存在的确定值，由于测量时使用的仪器、方法、人员及测量程序等不可能完美无缺，实验误差不可避免，故真实值无法测得，是一个理想值，一般用平均值代替。

误差的大小可用绝对误差和相对误差两种方式表示。设测得值为 X，真实值为 T，绝对误差为 E，相对误差为 E（%），则：

绝对误差

$$E = X - T \quad\quad\quad (5-1)$$

相对误差

$$E(\%) = \frac{E}{T} \times 100 \quad\quad\quad (5-2)$$

因为测得值可大于或小于真实值，所以绝对误差有正和负之分。

例如，标定盐酸标准滴定溶液时，称取碳酸钠质量为0.414 3 g，而真实质量为0.414 4 g，此时：

绝对误差为：$E = 0.414\ 3 - 0.414\ 4 = -0.000\ 1$（g）

又如：标定盐酸标准滴定溶液时，称取碳酸钠质量为0.041 5 g，而真实质量为0.041 4 g，此时：

绝对误差为：$E = 0.041\ 5 - 0.041\ 4 = 0.000\ 1$（g）

从两次称量的绝对误差来看是相同的，但相对误差却差别很大。原因是相对误差是表示误差在真实值中所占的百分比。例如，前面所举两例相对误差如下。

相对误差1为：

$$E(\%) = \frac{E}{T} \times 100 = \frac{0.000\ 1}{0.414\ 4} \times 100 \approx 0.024$$

相对误差2为：

$$E(\%) = \frac{E}{T} \times 100 = \frac{0.000\ 1}{0.041\ 4} \times 100 \approx 0.24$$

从相对误差的计算可以看出，在称量过程中，称量的绝对误差虽然相等，但是由于被称量物的重量不同，相对误差所占的百分比也不同。显然，称取量越大，则称量的相对误差越小，准确度就越高。

二、精密度

在实际检测工作中，真实值往往是不知道的，因此分析结果的可靠性常用精密度表示。精密度（又称重复性）就是指在相同测量条件下，对同一被测物进行连续多次测量所得结果之间的一致性。精密度的大小用偏差表示。偏差越小，精密度越高。

1. 偏差

偏差有绝对偏差和相对偏差之分。

绝对偏差是测定值与平均值之差。相对偏差是指某一次测量的绝对偏差占平均值的百分比。相对偏差只能用来衡量单项测定结果对平均值的偏离程度。

设测得值为X，n次测定结果的算术平均值为$\overline{X}$，绝对偏差为d，相对偏差为d（%），则

$$d = X - \overline{X} \quad\quad\quad (5-3)$$

$$d(\%) = \frac{d}{\overline{X}} \times 100 \qu\quad\quad (5-4)$$

例：某试样两次平行样的检测结果分别为 21.3% 和 20.5%，平均值为 20.9%，分别求其偏差和相对偏差。

答：其绝对偏差 $d = 21.3\% - 20.9\% = 0.4\%$，相对偏差 $d（\%）= \dfrac{21.3\% - 20.9\%}{20.9\%} \times 100 \approx 1.9$。

在实际检测工作中，有时还要求计算相对相差。相对相差是指两次检测结果的相对差值，如两次测得值分别为 X_1 和 X_2，$\dfrac{X_1 - X_2}{\overline{X}} \times 100$ 即得两次测得的相对相差。上例中，

两次测得值的相对相差 $= \dfrac{21.3\% - 20.5\%}{20.9\%} \times 100 = 3.8\%$。

从相对偏差、相对相差的计算公式可以看出，当只进行两次平行检测时，相对相差是相对偏差的 2 倍。

2. 平均偏差

绝对偏差和相对相差都是表示两次检测结果对平均值的偏差，不能表现多次检测结果的数据分散程度。为了描述多次测量结果的精密度，可以应用平均偏差 $\overline{d}$ 来表示，相对平均偏差用 $\overline{d}（\%）$ 表示：

$$\overline{d}(\%) = \frac{\overline{d}}{X} \times 100 \tag{5-5}$$

式中：$\overline{d}$ 为平均偏差；X 为算术平均值。

3. 标准偏差

以数理统计方法处理数据，常用标准偏差来衡量精密度。标准偏差又叫均方根偏差，当测定次数 $n \rightarrow \infty$ 时，其定义为：

$$\delta = \sqrt{\frac{\sum (x - \mu)^2}{n}} \tag{5-6}$$

式中：μ 为无限多次测定的平均值；x 为单个样本值；n 为样本数量。

在分析工作中，在测定次数很多时，$n < 20$ 时，那么标准偏差可按式（5-7）计算：

$$S = \sqrt{\frac{\sum d_i^2}{n - 1}} = \sqrt{\frac{\sum (x_i - x)^2}{n - 1}} \tag{5-7}$$

式中：x 为样本算术平均值；x_i 为单个样本数值；d_i 为样本值与算术平均值的差值；n 为样本数量。

在式（5-6）和式（5-7）中，以用式（5-7）所算得的数值较大，数学的严格性较高，其可靠性也较大。

但在一般分析工作中，采用式（5-6）计算，结果已能满足于分析准确度的要求。

4. 变异系数

变异系数（CV）又叫相对标准偏差，即：

$$CV（\%）= \frac{S}{X} \times 100 \tag{5-8}$$

式中：S 为标准偏差；X 为算术平均值。

相对标准偏差是标准偏差在平均值中所占的百分比，它能更合理地反映出测定结果的精密度。如反映饲料混合机混合均匀度的指标，即变异系数。

三、准确度和精密度的关系

准确度和精密度是两个不同的概念，但它们相互之间有一定的联系。准确度是由随机误差和系统误差决定的。而精密度仅由随机误差决定。如果分析的 n 次测定结果彼此非常相近，这就说明测定结果的精密度高。但精密度高不一定说明准确度也高。

第三节　检出限与定量限

本部分内容参照《饲料中兽药及其他化学物检测试验规程》（GB/T 23182—2008）编写。

一、检出限

检出限是评价一个分析方法及测试仪器性能的重要指标，是指某一特定分析方法，在给定的置信度内，可以从样品背景信号中检出被测物的最低量（或最低浓度），但不一定能准确定量。

检出限体现了分析方法是否具备灵敏的检测能力。检出限一般是指待测物信号与噪声的比例，即信噪比≥3。

二、定量限

分析方法在满足定量要求（精密度及准确度）的前提下，能定量测出样品中被测物的最低量（或最低浓度）。

定量限一般是指待测物信号与噪声的比例，即信噪比≥10。

第四节　有效数字及运算规则

本部分内容参照《数据修约规则与极限数值的表示和判定》（GB/T 8170—2008）编写。

一、有效数字的概念

为了取得准确的分析结果，不仅要准确进行测量而且还要正确记录与计算。所谓正确记录是指正确记录数字的位数，因为数据的位数不仅表示数字大小，也反映测量的准确程度。所谓有效数字，就是实际能测得的数字。

有效数字保留的位数，应根据分析方法与仪器的准确度来决定，一般应使测得的数值中只有最后一位是可疑的。如果在分析天平上称取试样 0.500 0 g，这不仅表示试样具体的质量数，还表示称量的准确程度。若将其质量数记录成 0.5 g，则表示该试样是在台秤上称量的。因此，记录数据的位数不能任意增加或减少。例如，在分析天平上，测得称量瓶的质量为 10.482 0 g，这个记录说明有 6 位有效数字，最后一位是可疑的。因为分析天平只能称准到 0.000 2 g，即称量瓶的实际质量应为（10.482 0±0.000 2）g。也就是说，无论计量仪器如何精密，其最后一位数总是估计出来的。因此，所谓有效数字就是只保留末一位不准确数字，其余数字均为准确数字。

二、有效数字中"0"的意义

"0"在有效数字中有两种意义：一种作为数字定位，另一种作为有效数字。例如，在分析天平上称量物质得到如下质量（表 5-1）。

表 5-1 有效数字中的"0"的作用

项目	称量瓶	Na_2CO_3	$H_2C_2O_4$	称量纸
质量/g	10.743 0	2.904 5	0.240 4	0.012 0
有效数字	6 位	5 位	4 位	3 位

在表 5-1 的数据中，"0"所起的作用是不同的。在 10.743 0 数字中，其中两个"0"都是有效数字，所以它有 6 位有效数字。在 2.904 5 数字中"0"也是有效数字，所以它有 5 位有效数字。在 0.240 4 数字中，小数点前面的"0"是定位用的，在数字中间的"0"是有效数字，所以它有 4 位有效数字。在 0.012 0 数字中，"1"前面的两个"0"都是定位用的，而末尾的"0"是有效数字，所以它只有 3 位有效数字。

综上所述可知，数字之间的"0"和数字末尾的"0"都是有效数字，而数字前面所有"0"只起定位作用。以"0"结尾的正整数，有效数字位数不确定。例如，4 500 这个数，不好确定有效数字位数，可能为 2 位、3 位，也可能是 4 位。遇到这种情况，应根据实际有效数字位数，书写成：

$4.5×10^3$ 2 位有效数字

$4.50×10^3$ 3 位有效数字

$4.500×10^3$ 4 位有效数字

因此，很大、很小的数应当用 10 的乘方表示。

对于容量瓶、滴定管、移液管和吸量管，它们都能准确测量溶液体积到 0.01 mL，所以当用 50 mL 滴定管测量溶液体积时，如测量体积大于 10 mL，应记录为 4 位有效数字，如 18.13 mL；如测量体积小于 10 mL，应记录为 3 位有效数字，如 8.13 mL。当用 25 mL 移液管移取溶液时，应记录为 25.00 mL；当用 5 mL 吸量管吸取溶液时，应记录为 5.00 mL。当用 250 mL 容量瓶配制溶液时，则所配制溶液的体积应记录为 250.00 mL；当用 50 mL 容量瓶配制溶液时，则应记录为 50.00 mL。总而言之，测量结果所记录的数字应与所用仪器测量的准确度相适应。

三、数值修约规则

1. 术语

（1）修约间隔：修约值的最小数值单位。修约间隔的数值一经确定，修约值即应为该数值的整数倍。

［例1］　如指定修约间隔为0.1，修约值即应在0.1的整数倍中选取，相当于将数值修约到一位小数。

［例2］　如指定修约间隔为100，修约值即应在100的整数倍中选取，相当于将数值修约到"百"数位。

（2）有效位数：对没有小数位且以若干个0结尾的数值，从非0数字最左一位向右数得到的位数减去无效0（即仅为定位用的0）的个数，就是有效位数；对其他十进位数，从非0数字最左一位向右数而得到的位数，就是有效位数。

2. 进舍规则

（1）拟舍弃数字的最左一位数字小于5，则舍去，保留其余各位数字不变。

（2）拟舍弃数字的最左一位数字大于5，则进一，即保留数字的末位数字加一。

（3）拟舍弃数字的最左一位数字是5，且其后有非0数字时进一，即保留数字的末位数字加一。

（4）拟舍弃数字的最左一位数字是5，且其后无数字或皆为0时，若所保留的末位数字为奇数（1，3，5，7，9）则进一，即保留数字的末位数字加一；若所保留的末位数字为偶数（0，2，4，6，8），则舍去。

（5）负数修约时，先将它的绝对值按上述规定进行修约，然后在所得值前面加上负号。

（6）拟修约数字应在确定修约数位后一次修约获得结果，而不得多次按规则连续修约。

四、有效数字的运算规则

（1）加减法。加减法运算中，保留有效数字的位数，以小数点后位数最少的为准，即绝对误差最大的数为准。

（2）乘除法。乘除法运算中，保留有效数字的位数，以有效数字位数最少的数为准，即以相对误差最大的数为准。

（3）自然数。在定量分析运算中，有时会遇到一些倍数或分数的关系，例如：水的分子量 $= 2\times1.008+16.00\approx18.02$。在这里，$2\times1.008$ 中的2不能看作为一位有效数字。因为它是非测量所得到的数，是自然数，可视为无限有效。

在常量分析中，一般保留4位有效数字，而微量分析一般保留3位有效数字。

第五节　极限数值的表示方法

一、极限数值

标准（或规范）规定考核的，以数量形式给出且符合该标准（或规范）要求的指标数值范围的界限值。

二、极限数值的书写原则

（1）标准（或规范）规定考核的，以数量形式给出的指标或参数等，应当规定极限数值。

（2）标准中极限数值的表示形式及书写位数应适当，其有效数字应全部写出。

三、表示极限数值的基本用语

表达极限数值的基本用语及符号见表5-2。

表5-2 表达极限数值的基本用语及符号

基本用语	符号	特定情形下的基本用语			注释
大于A	>A	多于A	高于A		测定值或计算值恰好为A值时不符合要求
小于A	<A	少于A	低于A		测定值或计算值恰好为A值时不符合要求
大于或等于A	≥A	不小于A	不少于A	不低于A	测定值或计算值恰好为A值时符合要求
小于或等于A	≤A	不大于A	不多于A	不高于A	测定值或计算值恰好为A值时符合要求

四、测定值或计算值与标准规定的极限数值的比较方法

在判定检测值或计算值是否符合要求时，应将检验所得的测定值或计算值与标准（或规定）的极限数值进行比较，比较的方法有全数值比较法和修约值比较法两种。当标准（或规定）中对极限数值无特殊规定时，应使用全数值比较法。如采用修约值比较法，应在标准（或规定）中加以说明。

1. 全数值比较法

将检验所得的测定值或计算值不经修约处理（或按照 GB/T 8170—2008 做修约处理，但应表明它是经舍、进或未舍未进而得），用该数值与标准（或规定）的极限数值进行比较，只要超出极限数值标准（或规定）的范围（不论超出程度大小），都判定为不符合要求。

2. 修约值比较法

将检验所得的测定值或计算值按照 GB/T 8170—2008 做修约处理，修约位数与标准或规定的极限数值数位一致。将修约后的数值与标准（或规定）的极限数值进行比较，只要超出极限数值规定的范围（不论超出程度大小），都判定为不符合要求。

例如：钙的标准值为<0.5%，按照《饲料检测结果判定的允许误差》（GB/T 18823—2010）允许误差±0.1%，钙的标准极限数值为 0.4%~0.6%，测定结果为 0.39%，如按照全数值比较法，判定结果为不符合；如按照修约值比较法，0.39%修约为 0.4%，判定结果为符合。因此可以看出，全数值比较法比修约值比较法相对更严格。

第六章 饲料法律法规及相关规定

饲料法律法规及相关规定是保障饲料产品的质量安全和生产安全的重要文件和规定，下文给出了饲料、饲料添加剂生产企业相关的法规和规定。

附件一　《实验室质量控制规范　食品理化检测》（GB/T 27404—2008）

附件二　药品微生物实验室质量管理指导原则

附件三　《饲料　采样》（GB/T 14699—2023）

附件四　《动物饲料　试样的制备》（GB/T 20195—2006）

附件五　饲料和饲料添加剂管理条例

附件六　饲料和饲料添加剂生产许可管理办法

附件七　新饲料和新饲料添加剂管理办法

附件八　饲料添加剂和添加剂预混合饲料产品批准文号管理办法

附件九　饲料添加剂安全使用规范

附件十　饲料质量安全管理规范

附件十一　宠物饲料管理办法

附件十二　兽药管理条例

附 件

附件一 《实验室质量控制规范 食品理化检测》
（GB/T 27404—2008）

ICS 03.120.10
A 00

中华人民共和国国家标准

GB/T 27404—2008

实验室质量控制规范 食品理化检测
**Criterion on quality control of laboratories-
Chemical testing of food**

2008-05-04 发布　　　　　　　　　　　　　　2008-10-01 实施

中华人民共和国国家质量监督检验检疫总局
中 国 国 家 标 准 化 管 理 委 员 会　　发布

GB/T 27404—2008

前　言

本标准是实验室质量控制规范系列标准之一，其目前包括以下标准：

——GB/T 27401《实验室质量控制规范　动物检疫》；

——GB/T 27402《实验室质量控制规范　植物检疫》；

——GB/T 27403《实验室质量控制规范　食品分子生物学检测》；

——GB/T 27404《实验室质量控制规范　食品理化检测》；

——GB/T 27405《实验室质量控制规范　食品微生物检测》；

——GB/T 27406《实验室质量控制规范　食品毒理学检测》。

请注意本标准的某些内容有可能涉及专利。本标准的发布机构不应承担识别这些专利的责任。

本标准附录 A、附录 B、附录 C、附录 D、附录 E 和附录 F 为资料性附录。

本标准由全国认证认可标准化技术委员会（SAC/TC 261）提出并归口。

本标准由中国合格评定国家认可中心负责起草。

本标准起草单位：中华人民共和国浙江出入境检验检疫局、中国合格评定国家认可中心。

本标准主要起草人：鲍晓霞、乔东、章晓氡、张秀梅、冯涛、朱青青、李宏。

引　言

本标准的编制主要以 GB/T 27025《检测和校准实验室能力的通用要求》为基础，同时吸收了 GB/T 19001—2000《质量管理体系　要求》的内容，参考了相关国际专业组织的文件、国内外行业标准和专业文献中适用的内容，并充分融合了国内相关实验室的管理经验。

本标准旨在规范、指导和帮助相关实验室，使其满足 GB/T 27025 和本专业领域质量控制的具体要求。

除 GB/T 27025 外，本标准参考的本专业领域相关的主要文件包括良好实验室规范（good laboratory practice，GLP）、APLAC TC 007、EN 2002/657/EC。

此外，本标准虽然包括了适用于本专业领域的部分我国现行法规以及部分安全相关的内容，但本标准不作为判断实验室是否满足相关法规及安全要求的依据。

食品理化检测是指采取化学分析手段和装置从事食品的品质、安全检测，其过程主要包括受理申请、测试方法准备和确认、样品采集和处置、检测过程控制和结果的确认、报告等一系列过程。本标准主要适用于从事食品质量（包括感官和理化）、化学物质（包括有效成分、农兽药残留、食品添加剂、重金属、毒素、环境污染物等）检测的食品理化检测实验室，从事食品接触材料检测和其他领域的化学检测实验室可参考本标准。

建议相关实验室在使用本标准前，应熟悉和掌握 GB/T 27025 的相关内容。本标准与 GB/T 27025—2008 的条款对照参见附录 A。

实验室质量控制规范 食品理化检测

1 范围

本标准规定了食品理化检测实验室质量控制的管理要求、技术要求、过程控制要求和结果的质量保证要求。

本标准适用于从事食品质量（包括感官和理化）、化学物质（包括有效成分、农兽药残留、食品添加剂、重金属、毒素、环境污染物等）检测的食品理化检测实验室的质量控制。其他学科领域的化学检测实验室亦可参照使用。

2 规范性引用文件

下列文件中的条款通过本标准的引用而成为本标准的条款。凡是注日期的引用文件，其随后所有的修改单（不包括勘误的内容）或修订版均不适用于本标准，然而，鼓励根据本标准达成协议的各方研究是否可使用这些文件的最新版本。凡是不注日期的引用文件，其最新版本适用于本标准。

GB/T 1.1 标准化工作导则 第 1 部分：标准的结构和编写规则（GB/T 1.1—2000，ISO/IEC Directives，Part 3，1997，NEQ）

GB 8170 数字修约规则

GB/T 15483.1 利用实验室间比对的能力验证 第 1 部分：能力验证计划的建立和运作（GB/T 15483.1—1999，idt ISO/IEC 导则 43-1：1997）

GB/T 19000 质量管理体系 基础和术语（GB/T 19000—2000，idt ISO 9000：2000）

GB/T 2000.1 标准化工作指南 第 1 部分：标准化和相关活动的通用词汇（GB/T 2000.1—2002，ISO/IEC Guide 2：1996，MOD）

GB/T 27000 合格评定 词汇和通用原则（GB/T 27000—2006，ISO/IEC 17000：2004，IDT）

GB/T 27025 检测和校准实验室能力的通用要求（GB/T 27025—2008，ISO/IEC 17025：2005，IDT）

JJF 1059 测量不确定度评定与表示

VIM 国际通用计量学基本术语［由国际计量局（BIPM）、国际电工委员会（IEC）、国际临床化学和实验医学联合会（IFCC）、国际标准化组织（ISO）、国际理论化学和应用化学联合会（IUPAC）、国际理论物理和应用物理联合会（IUPAP）和国际法制计量组织（OIML）发布］

3 术语和定义

GB/T 27025、GB/T 15483.1、GB/T 19000、GB/T 20000.1、GB/T 27000 和 VIM 中确立的以及下列术语和定义适用于本标准。

3.1

最高管理者 top management

在最高层指挥和控制实验室的一个人或一组人。

3.2

实验室管理层 management personnel of laboratory

在实验室最高管理者领导下负责管理实验室活动的人员。

3.3

作业指导书 operating instructions

对实验室工作具体实施方案、方法和程序等的详细说明或指导性文件。

3.4

实验室能力 laboratory capability

实验室进行相应检测所需的物质、环境、信息资源、人员、技术和专业知识。

3.5

控制样品 control sample

已知样品成分含量、可用于重复性测试及控制测试过程准确度的样品。

3.6

内部质量控制 internal quality control

与控制分析和随后必要的纠偏活动相关的实验室质量控制工作。

4 管理要求

4.1 组织和管理

4.1.1 食品理化检测实验室（以下简称实验室）或其所在组织应是一个能够承担法律责任的实体。非独立法人单位，应有其在母体组织中的地位，以上母体对不干涉其检验工作的承诺。

4.1.2 实验室在其固定设施内或在其负责的固定设施外其他场所，包括临时或移动设施进行工作时，应符合本标准的有关要求。

4.1.3 如果实验室所在的组织还从事检测以外的活动，为了鉴别潜在的利益冲突，应界定该组织中涉及检测或对检测活动有影响的关键人员的职责。

4.1.4 实验室管理层应负责管理体系的策划、建立、实施、维持及改进，包括：

a）实验室的管理人员和技术人员应具有所需的权力和资源来履行包括实施、保持和改进管理体系的职责，识别对管理体系或检测程序的偏离，以及采取预防或减少这些偏离的措施。

b）有措施保证实验室管理层和实验室人员不受任何对工作质量有不良影响的、来自内外部的不正当的商业、财务和其他方面的压力和影响。

c）制定客户信息保密政策和程序，保护客户机密信息和所有权，包括保护电子传输和存储结果的程序。

d）制定人员公正性教育政策和程序，避免其卷入任何可能会降低其能力、公正性、判断或运作诚实性的可信度的活动。

　　e）明确实验室的组织和管理机构，其在母体组织中的地位，以及质量管理、技术运作和支持服务之间的关系。

　　f）规定对检测质量有影响的所有管理、操作和核查人员的职责、权力和相互关系。

　　g）由熟悉检测方法、程序、目的和结果评价的人员，依据实验室人员的职责、经验和能力对其进行适时的培训，并实施有效的监督。

　　h）有技术管理人员全面负责技术运作，确保实验室运作质量所需的资源。

　　i）指定一名质量负责人，授予其责任和权力，保证管理体系的运行实施。质量负责人应直接向负责决定实验室政策和资源保障的实验室管理层报告工作。

　　j）指定实验室关键职能的代理人。

　　k）确保实验室人员理解他们活动的相互关系和重要性，以及如何为管理体系质量目标的实现作出贡献。

4.1.5　实验室最高管理者应确保在实验室内部建立适宜的沟通机制，保证管理体系的有效运行。

4.2　管理体系

4.2.1　实验室应建立、实施和维持与其活动范围相适应的管理体系。应将其政策、制度、程序、计划和指导书制定成文件，并传达至所有相关人员，保证这些文件的理解、获取和执行。

4.2.2　实验室管理体系中与质量有关的政策，包括质量方针声明，应在质量手册中阐明，应制定总体目标并在管理评审时评审其运作有效性。实验室最高管理者应向全体员工宣贯质量方针、目标和承诺，该质量方针声明包括：

　　a）实验室管理层对良好职业行为和服务质量的承诺；

　　b）实验室管理层关于实验室服务标准的声明；

　　c）与质量有关的管理体系的目标；

　　d）对实验室人员熟悉、理解并执行质量文件的要求；

　　e）实验室管理层对遵循本标准及持续改进管理体系有效性的承诺。

4.2.3　实验室最高管理者应提供建立和实施管理体系以及持续改进其有效性承诺的证据。

4.2.4　实验室最高管理者应将满足客户要求和法定要求的重要性传达至所有相关人员。

4.2.5　质量手册应包括或指明含技术程序在内的支持性程序，并概述管理体系中所用文件的架构。

　　注1：实验室质量手册可包括但不限于以下内容：

　　　　a）引言；

　　　　b）实验室概述，包括法律地位、资源，可提供的服务范围和主要职责；

　　　　c）质量方针、目标和承诺；

　　　　d）文件控制；

　　　　e）质量与技术记录控制；

　　　　f）与客户的交流沟通与服务；

　　　　g）投诉的调查措施和处理；

　　　　h）不合格检测工作的发现、控制；

i）改进、纠正与预防；

j）内部审核与管理评审；

k）人员的教育与培训；

l）实验设施和环境；

m）设备、试剂和易耗品的管理；

n）测量溯源性；

o）环境保护与安全健康（适用时）；

p）研究和开发（适用时）；

q）检测程序的验证及编制标准操作指导书；

r）检测受理和样品采集、运送、储存和处理（处置）；

s）检测结果的质量控制；

t）检测结果报告；

u）实验室信息系统（适用时）和安全；

v）实验室的质量管理控制流程。

注2：实验室管理层可指定质量管理人员，建立并实施对计量仪器、标准物质及分析系统进行检定（校准）的计划（必要时，包括辅助设备的检查计划），并对检定（校准）和检查结果进行分析和确认，以确保其状态满足工作要求。

4.2.6　质量手册中应规定技术管理人员和质量管理人员的职责，包括确保遵循本标准的责任。

4.2.7　当策划和实施管理体系的变更时，实验室最高管理者应确保管理体系的完整性。

4.3　文件控制

4.3.1　实验室应建立和维持程序来控制管理体系所有文件（内部制定和来自外部的）。受控文件可保存在纸制或非纸制的媒介上，应备份存档，并规定保存期限。

注：来自外部的文件包括法律法规、政府管理部门文件、规范、国际和国家以及区域性的标准、规程、方法、仪器设备使用说明书、客户提供文件及有关信息、资料、手册等，内部制定文件包括质量手册、管理程序、技术程序、作业指导书、记录表格、图表、计划等。

4.3.2　实验室应建立一种有效畅通的机制，能保证及时获得政府管理机构的法律法规指令和管理要求，并确保技术标准的及时更新。

4.3.3　文件控制程序要确保：

a）纳入管理体系的所有文件在发布前经授权人员审查并批准使用。

b）建立易查阅的所有管理体系文件的控制清单，以识别文件当前的修订状态和分发情况。

c）在对实验室有效运作有重要作用的所有场所，都能得到相应文件的授权版本。

d）定期审查文件，必要时进行修订，确保其持续适用。

e）失效作废的文件及时撤除，或用其他方法确保不被误用。出于法律或知识保存目的而保留的作废文件，应做适当的标记。

f）所有管理体系文件应有唯一性标识，包括发布日期、版次和（或）修订标识、页码、总页数、文件结束标记和发布机构。

g）建立纸制文件和保存在计算机系统中文件的更改或修改控制程序，明确如何更改并规定适当的标注。

h）文件的变更应由原审查责任人进行审查和批准。被指定人员应获得进行审查和批准所依据的有关背景资料。

i）如果实验室的文件控制制度允许在文件再版前对文件进行手写修改，应确定修改的程序和权限。修改处应有清晰的标注、签名缩写和日期。修改的文件应尽快正式发布。

4.4 质量与技术记录

4.4.1 实验室应建立和保持程序来控制质量和技术记录的识别、收集、存取、归档、储存维护和清理。质量记录应包括来自内部审核和管理评审的报告及纠正和预防措施记录。

4.4.2 所有记录应清晰明了并按照易于存取的方式保存，储存设施环境适宜，防止记录的损坏、变质和丢失。所有记录应予安全保护和保密。

4.4.3 实验室应明确规定各种质量和技术记录的保存期。保存期限应根据检测性质或记录的具体情况来确定，某些情况下依照法律法规要求来确定。

4.4.4 应建立程序来保护以电子形式存储的记录，并制备备份防止未经授权的入侵或修改。

4.4.5 技术记录应：

a）确保技术记录包括足够的信息，以便识别不确定度的影响因素，并能保证该检测在尽可能接近原检测条件的情况下能够复现。

b）确保在工作时及时记录观察结果、数据和计算结果，并能按照特定任务分类识别。记录时应包括抽样、检测和校核人员的标识。

c）记录出现错误时，每一错误应划改，将正确值填写在旁边。对记录的所有改动应有改动人的签名（签名章）或签名缩写。对电子存储的记录也应采取同等措施，避免原始数据丢失或改动。

4.5 服务客户

4.5.1 实验室应制定政策和程序，以适当的形式与客户交流合作，明确客户的要求。在确保其他客户机密的前提下，允许客户到实验室监视与其委托有关的操作。

4.5.2 当有必要为客户提供适当的相关专业咨询服务时，实验室应授权技术人员负责为客户提供服务，实验室应对客户咨询做出口头或书面的解释说明。

4.5.3 为预防（减少）公共安全事件的发生，当实验室的检测结果表明涉及不合格食品安全问题时，实验室应立即将检测结果通知客户，并应及时向政府管理机构报告。

4.5.4 实验室应向客户征求反馈意见，无论是正面的还是负面的。应分析这些意见并应用于持续改进管理体系、检测活动及对客户的服务。

4.5.5 保存客户服务记录，这些记录包括客户的咨询服务，客户的反馈意见，与客户的有关讨论以及实验室的工作。

4.6 投诉处理

4.6.1 实验室应有政策和程序，处理客户的投诉或其他反馈意见。应保存所有投诉的记录，以及实验室针对投诉开展的调查和纠正措施的记录。

4.6.2 涉及实验室检测结果质量问题方面的投诉，实验室应及时组织调查分析，确定原因，及时回复。经调查核实，属实验室检测质量方面问题，实验室应立即执行 4.7

中规定的不符合检测工作控制程序。已对客户造成损害的，要尽量挽回和降低对客户造成的损失和影响。

4.7 不符合工作控制

4.7.1 当检测过程的任何方面，或该工作的结果不符合制定的程序或与客户的约定时，实验室应实施既定的不符合工作的控制政策和程序，确保：

a）质量管理人员有责任和权利负责处理不符合检测工作，规定当不符合工作被确定时应采取的措施（包括必要时暂停工作，扣发检测报告）；

b）评价不符合检测工作的严重性；

c）立即进行纠正，同时根据评价结果，规定应采取的措施；

d）必要时，通知客户并取消工作；

e）若检验报告已向外发布，应立即采取适当的补救措施；

f）确定停止和批准恢复工作的职责；

g）保存每一次不符合检测工作的记录，实验室管理层应定期评审不符合检测工作的记录，以发现不符合趋势并采取相应的预防措施。

注：不符合检测工作的鉴别可在管理体系和技术运作的各个环节进行，如质量监督人员的报告、客户投诉、仪器校准和期间核查、易耗品检查、报告或证书检查、内部审核、管理评审、外部审核、能力验证和质量控制等。

4.7.2 如果确认不符合检测工作可能再次发生或对实验室与其政策和程序的符合性产生怀疑时，应立即执行4.9中规定的纠正措施程序。

4.8 纠正措施

4.8.1 实验室应制定政策和程序并规定相应的权力，以便在确认出现不符合工作、偏离管理体系或技术运作的政策和程序时实施纠正措施。

4.8.2 纠正措施程序应包括调查过程以确定产生问题的根本或潜在原因，适当时，应制定预防措施。

4.8.3 实验室需采取纠正措施时，应确定将要采取的纠正活动，并选择和实施最能消除问题和防止问题再次发生的措施。纠正措施的力度应与问题的严重性和风险程度相适应。如采取的纠正措施导致操作程序需要改动时，应将这些改动形成文件并通知有关人员执行。

4.8.4 纠正措施实施后，实验室应对纠正措施的结果实施监控或对有关的区域进行专门审核来评估措施的有效性。

4.8.5 当对不符合工作或偏离的鉴别导致对实验室与政策和程序或与管理体系的符合性产生怀疑时，应实施附加审核。纠正措施的结果应提交实验室管理评审，并实施管理体系的必要改进。

4.9 预防措施

4.9.1 在确定管理体系或技术活动中的潜在不符合检测工作原因和改进机会时，实施预防措施。

4.9.2 实验室需采取预防措施时，应制定、执行和监控预防措施计划，以减少类似不符合工作发生的可能性并借机改进。预防措施程序应包括措施的启动、控制和文件化改进措施，以确保其有效性。

4.10 内部审核

4.10.1 为验证实验室运作持续符合管理体系和本标准的要求，实验室应根据预定的日程表和程序，定期对其活动进行内部审核。有重大事件发生，应随时开展内审。

4.10.2 实验室质量负责人负责按照日程表的要求和管理层的需要策划和组织内部审核。内部审核计划应包括管理体系的全部要素，并重点审核对检验结果的质量保证有影响的区域。内部审核的周期通常为一年。审核由经过培训并具备资格的人员执行，只要资源允许，审核人员应独立于所审核的活动。

4.10.3 如审核中发现的问题导致对运作有效性，或对实验室检测结果的正确性或有效性产生怀疑时，实验室应及时采取纠正措施，并将纠正措施形成文件，尽快组织实施。如果调查表明实验室检验结果可能已受影响时，应书面通知客户。

4.10.4 实验室应保存内部审核和纠正措施的记录。跟踪审核活动应验证和记录纠正措施的实施情况和有效性。

4.11 管理评审

4.11.1 实验室最高管理者应根据预定的日程表和程序，定期对实验室的管理体系和技术活动进行管理评审，对管理体系进行必要的改进完善，以确保其持续适用和有效。管理评审周期为一年。评审应考虑：

    a）政策和程序的适用性；

    b）上次管理评审决定改进措施的执行；

    c）近期内部审核的结果；

    d）由外部机构进行的评审；

    e）纠正和预防措施；

    f）监督人员的报告；

    g）实验室间比对和能力验证的结果；

    h）实验室内部质量控制活动；

    i）工作量和工作类型的变化；

    j）客户的反馈或内部员工及其他方面的反馈；

    k）投诉；

    l）改进的建议；

    m）其他相关因素，如资源以及员工的培训需求和计划。

4.11.2 应记录管理评审中发现的问题和采取的措施。管理层应确保这些措施在适当和约定的日程内得到实施。

4.12 持续改进

实验室应通过实施质量方针和目标、应用审核结果、数据分析、纠正措施和预防措施以及管理评审来持续改进管理体系的有效性。

5 技术要求

5.1 采购服务与供给

5.1.1 实验室应制定选择和购买供应品与服务的政策和程序，包括试剂和易耗品的购买、验收和存储程序。

5.1.2 实验室应确保购买的所有影响检测质量的供应品、试剂和易耗品，只有在经检查或确认符合有关检测方法中规定的标准规范或要求之后才投入使用。选择的服务应符合规定的要求。应保存有关符合性检查的记录。

5.1.3 实验室应制定对重要的试剂和易耗品（包括标准物质、化学试剂、实验用水等）以及对检测结果有重要影响的服务的质量控制措施，或编制符合性检查工作指导书，其中包括符合性检查项目和符合性检查标准。

5.1.4 实验室采购文件在发出之前，其技术内容应经过审查和批准。采购文件的内容可包括：供给和易耗品的形式、类别、等级、规格、图纸、检查说明、质量要求和进行这些工作依据的管理体系标准。

5.1.5 实验室应对影响检测质量的重要易耗品、供应品和服务的供应商进行评价，并保存评价记录和获批准的供应商名单。

5.2　人员

5.2.1 实验室应有足够的人力资源满足检测工作以及执行质量管理体系的需求。应使用长期雇佣人员或签约人员，实验室应确保这些人员是胜任的且受到监督，并依据实验室质量体系的要求工作。

5.2.2 实验室应制定各岗位人员任职资格和岗位职责的工作描述。应确保所有操作特定设备、从事检测（包括从事感官评定和物理性能检测的人员身体素质要求）以及评价检测结果和签署检测报告证书人员的能力。应授权专人从事特定技术工作。

5.2.3 实验室管理层应保存所有技术人员的有关教育、培训、专业资格、工作经历和能力的记录。记录应便于有关人员查阅，及时更新。实验室应设置权限，防止未经授权接触这些档案记录。

5.2.4 实验室管理层应由具备管理和专业技术能力的人员组成。专业技术的范围应包括食品感官、物理性能、化学、食品工程、食品营养、食品卫生、食品安全等。实验室最高管理者应对实验室的整体运行和管理负责，确保检测工作的质量。

5.2.5 实验室应针对不同层次的实验室人员制定实验室人员的教育、培训和技能目标。应有确定培训需求和提供人员培训与考核的政策和程序。培训计划应与实验室当前和预期的任务相适应。

5.3　设施和环境条件

5.3.1　设施配置

5.3.1.1 实验室应有与检测工作相适应的基本设施，如：水源和下水道、足够容量的电力、照明、电源稳压系统、必要的停电保护装置或备用电力系统、温度控制、湿度控制、必要的通讯网络系统、自然通风和排风、防震、冷藏和冷冻等设施。应保证检测场所的照明、通风、控温、防震等功能的正常使用。

5.3.1.2 实验室应配备处理紧急事故的装置、器材和物品：烟雾自动报警器、喷淋装置、灭火器材、防护用具、意外伤害所需药品。

5.3.2　环境条件

5.3.2.1 仪器分析室的环境条件应满足仪器正常工作的需要，在环境有温湿度控制要求的仪器室应进行温湿度记录。

5.3.2.2 进行感官评定和物理性能项目检测场所、化学分析场所和试样制备及前处理场所应具备良好采光、有效通风和适宜的室内温度，应采取措施防止因溅出物、挥发物引起的交叉污染。

5.3.2.3 天平室应防震、防尘、防潮，保持洁净。

5.3.2.4 放置烘箱、高温电阻炉等热源设备的房间应具备良好的换气和通风。

5.3.2.5 试剂、标准品、样品存放区域应符合其规定的保存条件，冷冻、冷藏区域应进行温度监控并做好记录。

5.3.2.6 当需要在实验室外部场所进行取样或测试时，要特别注意工作环境条件，并做好现场记录。

5.3.2.7 相关的规范、方法和程序对环境条件有要求，或环境条件对检测结果的质量有影响时，应监测、控制和记录环境条件。

5.3.3 区域隔离和准入

5.3.3.1 实验区与非实验区应分离，实验区应有明显标识。

5.3.3.2 实验区域可按工作内容和仪器类别进行有效隔离，如制样室、样品室、热源室、天平室、感官评定室、化学（物理）分析室、仪器分析室、标准品存放区域、试剂存放区域、高压气瓶放置区域、器皿洗涤区域等。常量分析与药物残留分析应在物理空间上相对隔离，有机分析室与无机分析室应相对隔离。

5.3.3.3 非本实验室人员未经许可不准进入工作区域，工作区域的入口处应有不准随意进入的明显标示，联系工作或参观应经批准并由专人陪同。

5.3.3.4 进入实验区域的人员均应穿工作服，防止污染源的带入。

5.3.3.5 实验室内不得有与实验无关的物品，不得进行与工作无关的活动，以保护人身安全和设备安全。

5.3.4 安全卫生

5.3.4.1 化学分析和前处理实验涉及有机溶剂和挥发性气体时，应在通风柜中操作。应关注分析仪器所产生的废气、废液，及时排出或收集。

5.3.4.2 应遵守国家危险化学品安全管理的相关规定，严格控制实验室内易燃易爆、有毒有害试剂的存放量，剧毒试剂应存放在保险柜内，统一管理，登记领用。使用有毒有害或腐蚀性试剂和标准品时，应戴防护手套或防护面具。

5.3.4.3 高压气瓶应固定放置，使用时应经常检查是否漏气或是否存在不安全因素。

5.3.4.4 在使用带有辐射源的仪器设备时要严格按照放射防护规定进行。

5.3.4.5 实验室应保持整齐清洁，做完实验后及时清除实验废弃物，及时清洗用过的物品、器具、仪器设备，做好环境卫生工作。实验用玻璃器皿应按程序进行清洁处理。

5.3.4.6 工作区域应设安全卫生责任人，负责责任区内的安全与卫生。

5.3.4.7 实验室人员应学会各种安全装置和消防器材的使用方法，以便在紧急情况下能正确使用，应定期检查安全装置和消防器材的有效性。

5.3.5 废弃物处置

5.3.5.1 实验室人员应具备良好的工作习惯，实验过程中产生的废弃物应倒入分类的废物桶或废液瓶内，危害性废弃物不能随意带出实验区域或丢弃。

5.3.5.2 所有废弃物（废水、废气、废渣）的排放应符合国家排放标准，防止污染环境。

5.3.5.3 无法在实验室妥善处理的剧毒品、废液、固体废弃物应由专业单位统一处理，做好处置记录。

5.4 设备

5.4.1 仪器设备的配置

5.4.1.1 根据实验室承检样品和检测项目的需要，按照检测方法的要求，配备相适应的仪器设备和器具，参见附录B。

5.4.1.2 仪器设备的配置应满足量程匹配，并能达到测试所需要的灵敏度和准确度。

5.4.1.3 实验室原则上不使用外部设备，如因本实验室设备临时出现故障等原因需要使用外部设备时，经最高管理者同意，应优先使用国家认可机构认可实验室的设备或通过资质认定实验室的设备，并确认设备的性能、状态和检定（校准）有效期满足检测要求。

5.4.2 设备采购

5.4.2.1 实验室应根据业务发展的需要添置和更新仪器设备，按采购程序制定购置计划，进行设备购置的可行性评估，特别要关注设备的售后服务和维修、配件购买的便捷因素。

5.4.2.2 新设备到货后，应及时进行安装、调试和验收，确认技术参数达到要求方可接收。

5.4.2.3 大型精密仪器应放置在固定、合适的场所，配备符合要求的辅助设施，并有专人负责。

5.4.2.4 大型设备应建立设备档案，给予统一编号。

5.4.2.5 建立仪器设备台账，及时更新，保持账物相符。

5.4.3 设备使用和维护

5.4.3.1 大型仪器的操作程序和维护应制定作业指导书。

5.4.3.2 根据仪器的性能情况，加贴仪器状态标志。

5.4.3.3 大型精密仪器的使用人员应经过操作培训并取得上岗操作证，严格按照说明书和操作规程使用，每次使用后应做好仪器使用记录。

5.4.3.4 设备发生故障或出现异常情况时，使用人员应立即停止使用，分析原因，采取排除故障的措施或进行维修，做好记录。追溯该仪器近期的测试结果，确定这些结果的准确性，如有疑问，应立即通知客户，准备重新检测。设备未修复期间，应在明显位置加贴停用标识或移出实验区域单独放置。

5.4.3.5 仪器设备未经批准不得外借，未获得上岗操作资格的人员不得擅自使用。仪器设备外借返回或出现故障修复，应重新经过检定合格方可投入使用。

5.5 溯源性

5.5.1 仪器设备检定和校准

5.5.1.1 对测试或取样结果的准确性或有效性有重要影响的测量设备，包括辅助测量设备，在投入使用前应进行检定（校准），保证测试结果的量值溯源性和可靠性。未经检定（校准）合格的仪器设备不得使用。

5.5.1.2 实验室应制定仪器设备检定（校准）计划，按时进行检定（校准）。

5.5.1.3 检定（校准）方式可采用：

a）列入国家强制检定目录的计量器具，应由法定计量检定机构或者授权的计量检定部门检定，签发检定证书。

b）非强制检定的计量器具可由法定计量机构、国家认可机构或亚太实验室认可合作组织（APLAC）、国际实验室认可合作组织（ILAC）、多边承认协议成员认可的校准实验室进行检定（校准），签发检定（校准）证书。也可由实验室按自检规程校准，报告校准结果，校准人员应具备从事该仪器设备操作和校准的能力。

c）当溯源至国家计量基准不可能或不适用时，应采用实验室间比对、同类设备相互比较、实验室能力验证的方式对测试可靠性提供证据。

5.5.1.4 检定（校准）结果的有效性应通过检定（校准）证书的基本信息和技术特性进行确认。

5.5.1.5 仪器设备的检定（校准）证书和自校准记录应归档保存。

5.5.1.6 经检定合格的仪器和器皿加贴检定合格标志，标明有效期，仪器和器皿应在检定有效期内使用。

5.5.2 仪器设备的期间核查

5.5.2.1 仪器设备在两次检定（校准）期间，日常使用时对其技术指标进行运行检查，做好记录，保持仪器处于良好状态。仪器设备的期间核查要求参见附录B。

5.5.2.2 实验室应根据仪器设备的特性、使用频率，制定仪器设备的期间核查周期。

5.5.2.3 正常、不间断使用的仪器也应做期间核查，核查的方式可采用参考标准校准、标准物质比对、设备原有参数测试或样品重现性试验等多种形式。非经常性使用的仪器设备应在使用前进行必要的性能符合性检查。

5.5.3 标准物质

5.5.3.1 标准物质的可溯源性

5.5.3.1.1 国外进口的标准物质应提供可溯源到国际计量基准或输出国的计量基准的有效证书或国外公认的权威技术机构出具的合格证书，应对标准物质的浓度、有效期等进行确认。

5.5.3.1.2 国内制备的标准物质应有国家计量部门发布的编号，并附有标准物质证书。

5.5.3.1.3 当使用的参考物质无法进行量值溯源时，应具有生产厂提供的有效证明，实验室应编制程序进行技术验证。

5.5.3.2 标准物质的使用

5.5.3.2.1 在使用标准物质前应仔细阅读标准物质证书上的全部信息，以确保正确使用标准物质。

5.5.3.2.2 选用的标准物质应在有效期内，其稳定性应满足整个实验计划的需要。

5.5.3.3 标准物质的检查

5.5.3.3.1 购置到货的标准物质应进行验收。

5.5.3.3.2 选择使用频率高的或有疑虑的标准物质进行品质检查，可用另一标准物质进行比对或采用定性方法予以确证，建议使用选择性强的气相色谱-质谱、液相色谱-质谱、等离子发射光谱-质谱、紫外分光光谱等技术进行确认。

5.5.3.3.3 在标准物质有效使用期间应进行期间检查，验证其特性值稳定、未受污染。如果标准物质在期间检查中发现已经发生分解、产生异构体、浓度降低等特性变化，应立即停止使用，及时报告保管人，并追溯使用该标准物质产生的测试结果，确定这些结果的准确性。如有疑问，应立即通知客户，准备重新检测。

5.5.3.4　标准物质的管理

5.5.3.4.1 标准物质应从合格供应商采购，保证货源可靠，便于货物可追溯。

5.5.3.4.2 标准物质应由专人保管，予以编号、登记，放置规定位置，便于取用，不受污染。用完或作废后及时消号，始终保持账物相符。

5.5.3.4.3 标准物质应根据其性质妥善存放，易受潮的应存放于干燥器中，需避光保存的要用黑纸包裹或贮于棕色容器中，需密封的用石蜡封口后存放于干燥阴凉处，需低温保存的应存放在冷藏室中，需冷冻保存的应存放在冷冻室中，不宜冷藏的应常温保存。对不稳定、易分解的标准物质应格外关注其存放条件的变化，防止其性能发生变化。

5.5.3.5　标准溶液的管理

5.5.3.5.1 实验室配制的标准溶液和工作溶液标签应规范统一，标准溶液的标签要注明名称、浓度、介质、配制日期、有效期限及配制人。

5.5.3.5.2 标准溶液的配制应有逐级稀释记录，标准溶液的标定按相应标准操作，做双人复标每人四次平行标定。

5.5.3.5.3 标准溶液有规定期限的，按规定的有效期使用，超过有效期的应重新配制。未明确有效期的可参见附录 C，也可通过对规定环境下保存的不同浓度水平标准溶液的特性值进行持续测定来确定各浓度水平标准溶液的有效期。

5.5.3.5.4 标准溶液存放的容器应符合规定，注意相溶性、吸附性、耐化学性、光稳定性和存放的环境温度。

5.5.3.5.5 应经常检查标准溶液和工作溶液的变化迹象，观察有无变色、沉淀、分层等现象。

5.5.3.5.6 当检测结果出现疑问时应核查所用标准溶液的配制和使用情况，必要时可重新配制并进行复测。

6　过程控制要求

6.1　总则

6.1.1 实验室检测过程控制的关键因素包括合同评审、抽样、样品的处置、方法及方法确认、检测和分包、数据处理与控制、结果报告。

6.1.2 实验室从样品接收到分析测试，直至数据处理和报告签发的全过程应有清晰的流程控制，参见附录 D。

6.2　合同评审

6.2.1 实验室应建立和实施合同评审政策和程序。这些政策和程序应确保：

a) 实验室具有满足客户需求的能力和资源；

b) 对包括所用方法在内的要求应予明确规定，形成文件，并易于理解；

c) 选择满足客户要求的检验程序和检测方法。凡检测数据是为政府履行执法管理需要的实验室在选择检测方法时，应遵守政府管理机构的规定要求。

6.2.2 实验室能力的评审，应证明实验室具备必要的人力物力和信息资源，且实验室人员对从事的检测工作具有必要的专业技能。也可利用实验室内部质量控制和实验室参加的外部质量保证结果的评价。

6.2.3 实验室合同评审应以有效和可行的方式进行。对常规或简单工作的评审，由实验室负责合同评审工作的人员（应授权）注明日期并加以标识即可。重复性常规工作，如果客户要求不变，则只需在初期调查阶段或在与客户总协议项下对持续进行常规工作合同批准时进行评审，对于新的、复杂的或高要求的检测工作，需进行全面的评审，且需保存所有的记录。

6.2.4 应保存评审记录，包括任何重大变化和合同执行期间与客户关于客户要求或工作结果进行的相关讨论。

6.2.5 合同评审也应该包括实验室所有的分包工作。确保分包实验室按 6.2.1 c) 的要求选择检测方法。

6.2.6 对合同的任何偏离均应通知客户，且取得客户认可。

6.2.7 如果需要修改合同，要重复同样的合同评审过程，并将修改内容通知所有受到影响的有关人员。

6.3 抽样

6.3.1 抽样程序

6.3.1.1 实验室应制定抽样过程控制程序，内容包括：目的、适用范围、名词术语或定义、职责、抽样过程（流程图）、抽样记录。

6.3.1.2 抽样人员应掌握抽样理论和抽样方案，具有相应商品知识和技术水平，在抽样过程中做好抽样记录。记录应包括抽样所代表的样本数量、重量、外观描述、包装方式、包装完好情况、抽样地点、日期、气候条件等。

6.3.1.3 因客户要求偏离、增加或删减文件化的抽样程序时，应详细记录，通知有关人员，并在检测报告上予以注明。

6.3.2 抽样基本要求

6.3.2.1 抽样方案应建立在数理统计学的基础上，抽取的样品应具有代表性，以使对所取样品的测定能代表样本总体的特性。

6.3.2.2 抽样量应满足检测精度要求，能足够供分析、复查或确证、留样用。

6.3.3 样品的缩分和包装

6.3.3.1 采取的大样经预处理后混匀，采用适当的方法进行缩分获取样品，样品份数一般应满足检测、需要时复查或确证、留样的需要。如需要进行测量不确定度评定的样品，应增加样品量。

6.3.3.2 在样品缩分过程中，应避免外来杂质的混入，防止因挥发、环境污染等因素使样品的特性值不能代表整批货物的品质。

6.3.3.3 应使用合适的洁净食品容器盛装样品，不可使用橡胶制品的包装容器。

6.3.3.4 每件样品都应有唯一性标识，注明品名、编号、抽样日期、抽样地点、抽样人等。

6.3.4 样品的运送

6.3.4.1 送实验室的样品，其运输包装应坚实牢固，在运送过程中防止外包装受损伤而影响内容物。

6.3.4.2 运送样品时应采用适当的运输工具，保证样品不变质、挥发、分解或变化。

6.4 样品的处置

6.4.1 原则

6.4.1.1 实验室应制定样品管理程序和作业指导书。

6.4.1.2 实验室应设样品管理员负责样品的接收、登记、制备、传递、保留、处置等工作。

6.4.1.3 在整个样品传递和处理过程中，应保证样品特性的原始性，保护实验室和客户的利益。

6.4.2 样品接收

6.4.2.1 收样人应认真检查样品的包装和状态，若发现异常，应与客户达成处理决定。

6.4.2.2 客户若对样品在检测前有特殊的处理和制备要求时，应提供详细的书面说明。

6.4.2.3 送样量不能少于规定数量，送样量的多少应视样品检测项目的具体情况而定，至少不能少于测试用量的三倍，特殊情况送样量不足应在委托合同上注明。

注：样品接受时要充分考虑到检测方法对样品的技术要求，必要时，可编制作业指导书，对样品的数量、重量、形态、检测方法对样品的通用性、局限性做出相应的规定。

6.4.3 样品标识

6.4.3.1 样品应编号登记，加施唯一性标识，标识的设计和使用应确保不会在样品或涉及到的记录上产生混淆。

6.4.3.2 样品应有正确、清晰的状态标识，保证不同检测状态和传递过程中样品不被混淆。样品标识系统应包含物品群组的细分和物品在实验室内部和向外的传递过程的控制方法。

6.4.4 样品制备、传递、保存和处置

6.4.4.1 样品应在完成感官评定后进行制样处理。样品制备应在独立区城进行，使用洁净的制样工具。制成样品应盛装在洁净的塑料袋或惰性容器中，立即闭口，加贴样品标识，将样品置于规定温度环境中保存。各类样品的制样方法、存放容器和保存方式参见附录E。

6.4.4.2 检测人员应核对样品及标识，按委托项目进行检测。检测过程中的样品，不用时应始终保持闭口状态，并仍然置于规定温度环境中保存。应特别注意对检测不稳定项目样品的保护。

6.4.4.3 应对样品保存的环境条件进行控制、监测和记录。

6.4.4.4 以下情况可不留样，但应做好记录：

a) 送样量仅够一次检测；

b）客户要求返还样品。

6.4.4.5 样品管理应建立台账，记录相关信息。及时处理超过保存期的留样，做好处置记录。

6.5 方法及方法确认

6.5.1 检测方法的分类

6.5.1.1 标准方法包括：

　　a）国际标准：ISO、WHO、UNFAO、CAC 等；

　　b）国家（或区域性）标准：GB、EN、ANSI、BS、DIN、JIS、AFNOR、ΓΟCT、药典等；

　　c）行业标准、地方标准、标准化主管部门备案的企业标准。

6.5.1.2 非标准方法包括：

　　a）技术组织发布的方法：AOAC、FCC 等；

　　b）科学文献或期刊公布的方法；

　　c）仪器生产厂家提供的指导方法；

　　d）实验室制定的内部方法。

6.5.1.3 允许偏离的标准方法包括：

　　a）超出标准规定范围使用的标准方法；

　　b）经过扩充或更改的标准方法。

6.5.2 检测方法的选择

6.5.2.1 选择检测方法的基本原则：

　　a）采用的检测方法应满足客户要求并适合所进行的检测工作；

　　b）推荐采用国际标准、国家（或区域性）标准、行业标准；

　　c）保证采用的标准系最新有效版本。

6.5.2.2 按下述排列顺序优先选择检测方法：

　　a）客户指定的方法；

　　b）法律法规规定的标准；

　　c）国际标准、国家（或区域性）标准；

　　d）行业标准、地方标准、标准化主管部门备案的企业标准；

　　e）非标准方法、允许偏离的标准方法。

6.5.3 标准方法的控制

实验室应使用受控的标准方法，并定期跟踪检查标准方法的时效性，确保实验室使用的标准方法现行有效。

6.5.4 标准方法的确认

6.5.4.1 首次采用的标准方法，在应用于样品检测前应对方法的技术要素（参见附录F）进行验证。

6.5.4.2 验证发现标准方法中未能详述，但会影响检测结果处，应将详细操作步骤编写成作业指导书，经审核批准后作为标准方法的补充。

6.5.5　非标准方法的制定

6.5.5.1　引用方法

6.5.5.1.1　需要引用权威技术组织发布的方法、科学文献或期刊公布的方法、仪器生产厂家提供的指导方法时，应对方法的技术要素进行验证。

6.5.5.1.2　验证发现引用方法原文中未能详述，但会影响检测结果处，应将详细操作步骤编写成作业指导书，作为原方法的补充。

6.5.5.2　实验室内部方法

6.5.5.2.1　实验室需要研制新方法时，应检索国内外状况，设计技术路线，明确预期达到的目标，制定工作计划，提出书面申请，报经批准。

6.5.5.2.2　实验室应保证新技术、新方法研制工作所需要的资源和时间。

6.5.5.2.3　在建立新方法或改进原方法的研究过程中，应同时对方法的技术要素（参见附录F）进行试验。

6.5.5.2.4　实验室内部方法应按 GB/T 1.1 规定的格式编写。

6.5.5.3　非标准方法的控制

6.5.5.3.1　非标准方法应经试验、验证、编制、审核和批准。

6.5.5.3.2　实验室应指定具相应资格的技术人员编制非标准方法，并组织技术人员进行技术审查。

6.5.5.3.3　经批准的非标准方法应受控管理，所有材料应归档保管。

6.5.5.3.4　非标准方法应是在征得客户同意后使用。

6.5.6　允许偏离的标准方法的控制

6.5.6.1　允许偏离的标准方法应经验证，编制偏离标准的作业指导书，经审核批准后方可使用。

6.5.6.2　以下列情况时，标准方法允许偏离：

a）通过对标准方法的偏离（如试验条件适当放宽，对操作步骤适当简化），以缩短检测时间，且这种偏离已被证实对结果的影响在标准允许的范围之内；

b）对标准方法中某一步骤采用新的检测技术，能在保证检测结果准确度的情况下，提高效率，或是能提高原标准方法的灵敏度和准确度；

c）由于实验室条件的限制，无法严格按标准方法中所述的要求进行检测，不得不作偏离，但在检测过程中同时使用标准物质或参考物质加以对照，以抵消条件变化带来的影响。

6.5.7　测量不确定度评定

6.5.7.1　实验室应建立测量不确定度评定程序，根据需要进行不确定度评定。

6.5.7.2　以下情况需要对测量不确定度进行评定，并在检测报告中给出不确定度值：

a）检测方法的要求；

b）测量不确定度与检测结果的有效性或应用领城有关；

c）客户提出要求；

d）当测试结果处于规定指标临界值附近时，测量不确定度对判断结果符合性会产生影响。

6.5.7.3 当检测方法给出了测量不确定度主要来源的极限值或计算结果的表示式时，实验室按照该检测方法操作与计算，可作为测量不确定度评定。

6.5.7.4 当无法对测量不确定度从计量学和统计学角度进行计算时，应对重要的不确定度分量作出合理评定，并确保结果的表达方法不会对不确定度造成误解。

6.5.7.5 测量不确定度的评定与表示方法按 JJF 1059 进行。

6.6 检测与分包

6.6.1 检测

6.6.1.1 样品在接收、制备和测试等各个过程中应始终确保样品的原始特性，未受污染、变质或混淆。

6.6.1.2 测试前应做好各项准备工作：

　　a）核对标签、检测项目和相应的检测方法；

　　b）按检测方法的要求准备仪器和器皿，使用符合分析要求的试剂和水，按检测方法配制试剂、标准溶液等；

　　c）检查检测现场清洁、温度等可能影响测试质量的环境条件；

　　d）选用规范的原始记录表。

6.6.1.3 按检测方法和作业指导书操作。

6.6.1.4 需要时，随同样品测试做空白试验、标准物质测试和控制样品的回收率试验。

6.6.1.5 适用时，分析过程应以标准—空白样品—控制样品—测试样品为循环进行，顺序可根据实际情况安排。

6.6.1.6 当检出农兽药残留、添加剂含量超过控制限量时，适用时应采用质谱、光谱、双柱定性等方法进行确证或复测。

6.6.1.7 当测试过程出现不正常现象应详细记录，采取措施处置。

6.6.1.8 常规样品的检测至少应做双实验，新开检验项目、复检或疑难项目的检测应做多实验，做单实验的样品和项目应进行评估。

6.6.1.9 按以下要求填写原始记录并出具检测结果：

　　a）检测人员应在原始记录表上如实记录测试情况及结果，字迹清楚，划改规范，保证记录的原始性、真实性、准确性和完整性。

　　b）原始记录及计算结果应经自校、复核或审核。

6.6.2 分包

6.6.2.1 实验室由于未预料的原因（如工作量、需要更多专业技术或暂时不具备能力）或持续性的原因（如通过长期分包、代理或特殊协议）需将检测工作分包时，实验室应制定分包工作的政策和程序，评估和选择有能力的分包实验室，例如能够按照本标准要求进行工作的分包方。

6.6.2.2 实验室与分包实验室之间的责任、权利、义务应通过分包合同或协议的形式确定。应定期对分包合同或协议进行评审，以确保：

　　a）分包实验室资源和技术的持续保持能力；

　　b）确认分包实验室与客户或客户要求没有利益冲突；

　　c）充分明确检测程序，包括检测方法在内的各项要求；

d）评价与分包实验室检测的比对结果，明确与分包实验室的内部质量控制方法。

6.6.2.3　实验室应将分包安排书面通知客户，征得客户同意。

6.6.2.4　实验室应保存所有合格分包实验室资质证明资料，并保存其工作符合本标准的证明记录。

6.6.2.5　实验室应就分包的工作对客户负责，由客户或法定管理机构指定的分包实验室除外。

6.7　数据处理与控制

6.7.1　检测人员对检测方法中的计算公式应正确理解，保证检测数据的计算和转换不出差错，计算结果应进行自校和复核。

6.7.2　如果检测结果用回收率进行校准，应在原始记录的结果中明确说明并描述校准公式。

6.7.3　检测结果的有效位数应与检测方法中的规定相符，计算中间所得数据的有效位数应多保留一位。

6.7.4　数字修约遵守 GB 8170。

6.7.5　检测结果应使用法定计量单位。

6.7.6　采用计算机或自动化设备进行检测数据的采集、处理、记录、结果打印、储存、检索时，应：

　　a）建立和执行计算机数据控制程序，保证在数据的采集、转换、输入、传出、储存等过程中，数据完整不丢失；

　　b）配备符合要求的工作条件和环境条件，使计算机和自动化设备的功能正常和安全运行；

　　c）计算机使用者应经过培训，当所使用的软件发生修改后，应重新进行适当的培训；

　　d）采取有效措施，防止非法访问、越权使用和随意修改，保障计算机应用的各级授权正常有效。

6.7.7　进行数据处理软件投入使用前或修改后继续使用前的测试验证或检查，确认满足使用要求后方可运用。

6.8　结果报告

6.8.1　信息要求

6.8.1.1　除非有特殊原因，不含抽样的检测报告应包括（或不限于）以下信息：

　　a）醒目的标题，如"检测报告"；

　　b）检测机构名称和地址；

　　c）报告的唯一性编号，每页标明页码和总页数，结尾处有结束标识；

　　d）委托方名称；

　　e）样品接收日期、测试日期或报告日期；

　　f）样品名称和必要的样品描述、原始标记、唯一性受理编号；

　　g）检测项目、检测结果和检测方法，若采用非标准方法检测的项目应明示；

　　h）授权签字人签字（签章），加盖检测机构印章；

i) 类似"检测结果仅对送检样品负责"的声明；

j) 类似"未经实验室书面同意，不得部分复制本报告（完整复制除外）"的声明；

k) 类似"本报告经授权签字人签字（签章），并加盖本检测机构印章后方有效"的声明。

6.8.1.2 含抽样的检测报告，应给出 6.8.1.1 [6.8.1.1 i) 除外] 所列信息外，还应包括（或不限于）以下信息：

a) 抽样所代表的样本数量和（或）重量；

b) 样本的包装方式和包装完好情况；

c) 抽样方法；

d) 抽样地点、日期。

6.8.1.3 在报告作内部使用或与客户有书面协议的情况下，报告的信息可简化，但未报告的信息应能从实验室方便获得。

6.8.2 附加信息

6.8.2.1 对检测方法和抽样方法偏离、增删、特定条件的说明。

6.8.2.2 分包实验室的检测结果应清晰标明（客户要求不予标明除外）。

6.8.2.3 客户要求作出评定并指定评判依据时，应给出评定结论。

6.8.2.4 根据 6.5.7.2 情况给出测量不确定度。

6.8.3 报告的控制

6.8.3.1 检测报告应有一种或几种规范格式，内容应包括必需的全部信息和客户在委托合同上列明的要求。如果不能满足客户全部要求，应与客户联系，说明理由并在委托合同上注明。

6.8.3.2 授权签字人审核报告和记录的准确性、一致性和完整性，确认各项内容正确无误后在检测报告上签字。

6.8.3.3 实验室应将检测报告与相关原始记录归档保存，报告中的每一结果都应附有经过校对的原始记录或分包实验室的检测报告原件。

6.8.3.4 当实验室因技术或管理上原因引起检测报告的有效性发生疑问时，应立即告知客户在使用检测数据时可能受到的影响。

6.8.3.5 必要时实验室应规定检测报告的有效期限。

6.8.4 报告的更改

6.8.4.1 实验室应制定报告更改控制程序。

6.8.4.2 客户收到检测报告发现有误，或实验室内部发现检测报告有误应及时提出，实验室及时组织相关人员按照程序进行更改：

a) 更改内容涉及原检测结果的，应对原样品进行复测后更改；

b) 更改内容不影响原检测结果的，可直接更改。

6.8.4.3 报告更改后应重新签发检测报告，并收回原检测报告。无法收回原检测报告时，应签发原检测报告的补充件，并注明类似"对编号××××检测报告的更改补充"的说明。当有必要发布全新的检测报告时，应注以唯一性标识，并注明所替代的原件。

6.8.4.4　检测报告的更改，应做好记录。

6.8.5　报告传送方式

6.8.5.1　实验室应根据合同评审时确认的报告发送方式将检测报告发出。当面递交报告，应凭单并由取报告人签收后才能发出。

6.8.5.2　发送或领取报告应有记录。

6.8.6　专有权保护

6.8.6.1　采用计算机软件系统制作检测报告，应对软件使用权限进行控制，防止非法访问，以保证对委托方检测结果予以保密。

6.8.6.2　不论以何种方式传送检测报告，都应确保报告传送过程的安全保密。同时对电子版本报告的传送应制定相应的程序确定传送的权限。

7　结果质量控制

7.1　内部质量控制

7.1.1　实验室应制定测试结果质量控制程序，明确内部质量控制的内容、方式和要求。

7.1.2　随同样品测试做空白试验：

　　a）若空白值在控制限内可忽略不计；

　　b）若空白值比较稳定，可进行 n 次重复测定空白值，计算出空白值的平均值，在样品测定值中扣除；

　　c）若空白值明显超过正常值，则表明测试过程有严重沾污，样品测定结果不可靠。

7.1.3　随同样品测试做控制样品的测定，用统计方法对控制样品的测定结果进行评价。

　　a）控制样品一般有以下两种：

　　　　——在样品（该样品中被测组分的含量相对加标量可以忽略不计，或者已知其含量）中加入已知量的标准物质，成为加标样品；

　　　　——选用与被测样品基体相同或相近的实物标准样。

　　b）控制样品中被测组分的含量应与被测样品相近，若被测样品为未检出，则控制样品中被测组分的含量应在方法测定低限附近。

　　c）控制样品测定结果的回收率应符合要求（参见附录 F 中的表 F.1）。

　　d）绘制质量控制图，观察测试工作的稳定性、系统偏差及其趋势，及时发现异常现象。

7.1.4　实验室应根据实际工作的需要制定内部比对试验计划，计划应尽可能覆盖所有常规项目和全体检测人员。应对比对试验的结果进行汇总、分析和评价，判断是否满足对检测有效性和结果准确性的质量控制要求，采取相应的改进措施。

　　比对试验的具体方式可以是：

　　a）使用标准物质或实物标样比对；

　　b）保留样品的重复试验；

　　c）不同人员用相同方法对同一样品的测试；

　　d）不同方法对同一样品的测试；

e）某样品不同特性结果的相关性分析。

7.2 外部质量控制

7.2.1 实验室应参加国内外实验室认可机构组织的能力验证活动和实验室主管机构组织的比对活动，参加国际间、国内同行间的实验室比对试验。

7.2.2 外部质量控制活动一般有：

a）中国合格评定国家认可中心（CNAS）、亚太地区实验室认可协会（APLAC）等实验室认可机构组织的能力验证；

b）国际专业技术协会组织的协同试验；

c）国内行业主管部门组织的能力验证；

d）能力验证提供者组织的能力验证试验；

e）与其他同行实验室进行分割样品（子样）的比对试验；

f）与其他同行实验室进行标准溶液的比对试验。

7.2.3 实验室完成试验，及时递交试验结果和相关记录。

7.2.4 应根据外部评审、能力验证、考核、比对等结果来评估本实验室的工作质量并采取相应的改进措施。

附录 A
（资料性附录）
本标准与 GB/T 27025—2008 条款对照表

表 A.1 本标准与 GB/T 27025—2008 条款对照表

本标准	GB/T 27025—2008
1 范围	1 范围
2 规范性引用文件	2 规范性引用文件
3 术语和定义	3 术语和定义
4 管理要求	4 管理要求
4.1 组织和管理	4.1 组织
4.2 管理体系	4.2 管理体系
4.3 文件控制	4.3 文件控制
4.4 质量与技术记录	4.13 记录的控制
4.5 服务客户	4.7 对客户的服务
4.6 投诉处理	4.8 投诉
4.7 不合格工作控制	4.9 不合格检测和（或）校准工作的控制
4.8 纠正措施	4.11 纠正措施
4.9 预防措施	4.12 预防措施
4.10 内部审核	4.14 内部审核
4.11 管理评审	4.15 管理评审
4.12 持续改进	4.10 改进
5 技术要求	5 技术要求
5.1 采购服务与供给	4.6 服务与供给品的采购
5.2 人员	5.2 人员
5.3 设施和环境条件	5.3 设施和环境条件
5.4 设备	5.5 设备
5.5 溯源性	5.6 测量溯源性
6 过程控制要求	
6.1 总则	5.1 总则
6.2 合同评审	4.4 要求、标书和合同的评审
6.3 抽样	5.7 抽样

（续表）

本标准	GB/T 27025—2008
6.4 样品的处理	5.8 测试和校准样品的处置
6.5 方法及方法确认	5.4 测试和校准方法及方法确认
6.6 检测与分包	4.5 测试和校准的分包
6.7 数据处理与控制	
6.8 结果报告	5.10 结果报告
7 结果质量保证	5.9 检测和校准结果质量的保证
7.1 内部质量控制	
7.2 外部质量控制	

附录 B
（资料性附录）
食品理化检测实验室常用仪器设备及计量周期

B.1　分析仪器

B.1.1　气相色谱仪，配 FID、FPD、ECD、NPD、TCD 检测器。

B.1.2　液相色谱仪，配紫外–可见、荧光、示差折光、二极管阵列检测器，柱后衍生装置。

B.1.3　气相色谱–质谱联用仪，配 EI、NCI、PCI 离子源。

B.1.4　液相色谱–质谱联用仪，配 ESI、APCI 离子源。

B.1.5　紫外–可见分光光度计。

B.1.6　原子吸收分光光度计，配火焰、石墨炉、氢化物发生、冷原子发生原子化器。

B.1.7　原子荧光光度计。

B.1.8　等离子发射光谱仪，配氢化物发生器。

B.1.9　电位滴定仪，配各种阳离子和阴离子电极及参比电极。

B.1.10　PCR 仪。

B.1.11　全自动放射免疫检测仪。

B.1.12　酶标仪。

B.2　试样预处理设备

B.2.1　电子天平。

B.2.2　微波消解系统。

B.2.3　固相萃取器。

B.2.4　旋转蒸发器。

B.2.5　干燥箱。

B.2.6　高温电阻炉。

B.2.7　离心机。

B.2.8　水浴锅。

B.2.9　粉碎机。

B.2.10　均质器。

B.2.11　电热溶解装置。

B.3　检定仪器及检定周期

计量检定仪器及其检定周期一般规定如下：

a）紫外分光光度计、酸度计、天平：检定周期为一年；

b）气相色谱仪、液相色谱仪、色质联用仪、液质联用仪、原子吸收分光光度计、原子荧光光度计、等离子发射光谱仪、电位滴定仪：检定周期为两年；

    c）烘箱、高温电阻炉：检定周期为两年；

    d）温湿度计：检定周期为三年；

    e）滴定管、移液管、容量瓶、分样筛：检定周期为三年。

B.4 仪器设备的期间核查要求

    仪器设备的期间核查应选择国家计量检定规程中的主要检定项目，一般选择以下合适项目：

    a）零点检查；

    b）灵敏度；

    c）准确度；

    d）分辨率；

    e）测量重复性；

    f）标准曲线线性；

    g）仪器内置自校检查；

    h）标准物质或参考物质测试比对；

    i）仪器说明书列明的技术指标。

附录 C
（资料性附录）
标准溶液参考有效期

C.1　标准滴定溶液

标准滴定溶液常温保存，有效期为两个月，标准滴定溶液的浓度小于等于 0.02 mol/L 时，应在临用前稀释配制。

C.2　农兽药标准溶液

用于农兽药残留检测的标准溶液一般配制成浓度为 0.5 mg/mL~1 mg/mL 的标准储备液，保存在 0 ℃左右的冰箱中，有效期为 6 个月；稀释成浓度为 0.5 μg/mL~1 μg/mL 或适当浓度的标准工作液，保存在 0 ℃~5 ℃的冰箱中，有效期为 2 周~3 周。

C.3　元素标准溶液

元素标准溶液一般配制成浓度为 100 μg/mL 的标准储备液，保存在 0 ℃~5 ℃的冰箱中，有效期为 6 个月；稀释成浓度为 1 μg/mL~10 μg/mL 或适当浓度的标准工作液，保存在 0 ℃~5 ℃的冰箱中，有效期为 1 个月。

附录 D
（资料性附录）
食品理化检测实验室工作流程控制图

食品理化检测实验室工作流程控制图见图 D.1。

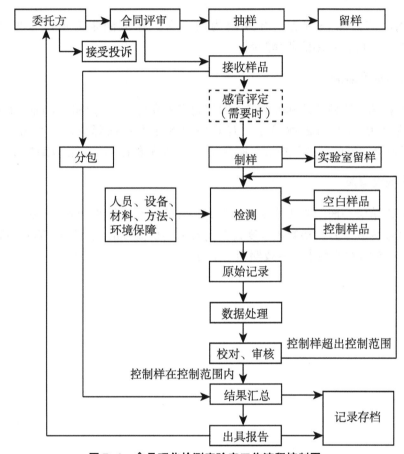

图 D.1 食品理化检测实验室工作流程控制图

附录 E
（资料性附录）
食品样品的抽取、制备和保存方式

E.1　抽样方法

E.1.1　抽样方案

每类产品应根据其包装和规格的不同，分别制定抽样方案。抽样方案的内容至少包括：

　　a）检测批：同一检测批的样本应具有相同的包装、标记、产地、规格、等级等特征，确定不超过 N 件为一检测批；

　　b）抽样数：规定不同大小批量时的最低抽样数；

　　c）抽样方法：详细描述具体采样步骤，包括工具、开启方法、采取操作、存样容器、注意事项等；

　　d）抽样量：规定每件至少取量和抽取的总量。

E.1.2　田间、养殖场抽样

在不同场地取同种样品时，每一大样应取自同一地点。可采用以下方式取样：

　　a）二次相反方向绕树旋转，每次按四分圆随机采取；

　　b）在作物棵的行列两侧采取；

　　c）从若干个场所随机采取；

　　d）混合抽取的全部样品，从混样的不同位置采取。

E.1.3　加工厂抽样

在加工厂车间或仓库内抽样，通常有以下方式：

　　a）原材料抽样：原材料运达工厂时，每一作业班抽取若干个分样；

　　b）大堆产品抽样：当产品存放在庞大容器或包装箱内，可在整堆产品的不同平面和位置随机抽取若干个分样；

　　c）生产线上抽样：家禽、家畜等在屠宰线上，按一定时间或数量抽取若干个分样。罐头类等包装食品可在生产线上未封包装时抽取若干个分样。

E.1.4　仓库、码头抽样

箱装或袋装等完整包装的货物，按货堆的上、中、下和四周的位置随机抽取若干个分样。散装货物在输送带上抓斗中抽取，按一定时间抽取若干个分样。

E.2　实验室样品的制备

E.2.1　样品的缩分

E.2.1.1　将实验室样品混合后用四分法缩分，按以下方法预处理样品：

　　a）对于个体小的物品（如苹果、坚果、虾等），去掉蒂、皮、核、头、尾、壳等，取出可食部分；

b）对于个体大的基本均匀物品（如西瓜、干酪等），可在对称轴或对称面上分割或切成小块；

c）对于不均匀的个体样（如鱼、菜等），可在不同部位切取小片或截取小段。

E.2.1.2 对于苹果和果实等形状近似对称的样品进行分割时，应收集对角部位进行缩分。

E.2.1.3 对于细长、扁平或组分含量在各部位有差异的样品，应间隔一定的距离取多份小块进行缩分。

E.2.1.4 对于谷类和豆类等粒状、粉状或类似的样品，应使用圆锥四分法（堆成圆锥体—压成扁平圆形—划两条交叉直线分成四等份—取对角部分）进行缩分。

E.2.1.5 混合经预处理的样品，用四分法缩分，分成三份，一份测试用，一份需要时复查或确证用，一份作留样备用。

E.2.2 样品制备和保存

各类样品的制备方法、留样要求、盛装容器和保存条件见表 E.1，当送样量不能满足留样要求时，在保证分析样用量后，全部用作留样。

表 E.1 样品的制备和保存

样品类别	制样和留样	盛装容器	保存条件
粮谷、豆、烟叶、脱水蔬菜等干货类	用四分法缩分至约 300 g，再用四分法分成两份，一份留样（>100 g），另一份用捣碎机捣碎混匀供分析用（>50 g）	食品塑料袋、玻璃广口瓶	常温、通风良好
水果、蔬菜、蘑菇类	去皮、核、蒂、梗、籽、芯等，取可食部分，沿纵轴剖开成两半，截成四等份，每份取出部分样品，混匀，用四分法分成两份，一份留样（>100 g），另一份用捣碎机捣碎混匀供分析用（>50 g）	食品塑料袋、玻璃广口瓶	-18 ℃以下的冰柜或冰箱冷冻室
坚果类	去壳，取出果肉，混匀，用四分法分成两份，一份留样（>100 g），另一份用捣碎机捣碎混匀供分析用（>50 g）	食品塑料袋、玻璃广口瓶	常温、通风良好、避光
饼干、糕点类	硬糕点用拈钵粉碎，中等硬糕点用刀具、剪刀切细，软糕点按其形状进行分割，混匀，用四分法分成两份，一份留样（>100 g），另一份用捣碎机捣碎混匀供分析用（>50 g）	食品塑料袋、玻璃广口瓶	常温、通风良好、避光
块冻虾仁类	将块样划成四等份，在每一份的中央部位钻孔取样，取出的样品四分法分成两份，一份留样（>100 g），另一份室温解冻后弃去解冻水，用捣碎机捣碎混匀供分析用（>50 g）	食品塑料袋	-18 ℃以下的冰柜或冰箱冷冻室

样品类别	制样和留样	盛装容器	保存条件
单冻虾、小龙虾	室温解冻，弃去头尾和解冻水，用四分法缩分至约 300 g，再用四分法分成两份，一份留样(>100 g)，另一份用捣碎机捣碎混匀供分析用(>50 g)	食品塑料袋	-18 ℃以下的冰柜或冰箱冷冻室
蛋类	以全蛋作为分析对象时，磕碎蛋，除去蛋壳，充分搅拌；蛋白蛋黄分别分析时，按烹调方法将其分开，分别搅匀。称取分析试样后，其余部分留样（>100 g）	玻璃广口瓶、塑料瓶	5 ℃以下的冰箱冷藏室
甲壳类	室温解冻，去壳和解冻水，四分法分成两份，一份留样（>100 g），另一份用捣碎机捣碎混匀供分析用(>50 g)	食品塑料袋	-18 ℃以下的冰柜或冰箱冷冻室
鱼类	室温解冻，取出 1 条~3 条留样，另取鱼样的可食部分用捣碎机捣碎混匀供分析用（>50 g）	食品塑料袋	-18 ℃以下的冰柜或冰箱冷冻室
蜂王浆	室温解冻至融化，用玻棒充分搅匀，称取分析试样后，其余部分留样（>100 g）	塑料瓶	-18 ℃以下的冰柜或冰箱冷冻室
禽肉类	室温解冻，在每一块样上取出可食部分，四分法分成两份，一份留样（>100 g），另一份切细后用捣碎机捣碎混匀供分析用（>50 g）	食品塑料袋	-18 ℃以下的冰柜或冰箱冷冻室
肠衣类	去掉附盐，沥净盐卤，将整条肠衣对切，一半部分留样（>100 g），从另一半部分的肠衣中逐一剪取试样并剪碎混匀供分析用（>50 g）	食品塑料袋	-18 ℃以下的冰柜或冰箱冷冻室
蜂蜜、油脂、乳类	未结晶、结块样品直接在容器内搅拌均匀，称取分析试样后，其余部分留样（>100 g）；对有结晶析出或已结块的样品，盖紧瓶盖后，置于不超过 60 ℃的水浴中温热，样品全部融化后搅匀，迅速盖紧瓶盖冷却至室温，称取分析试样后，其余部分留样（>100 g）	玻璃广口瓶、原盛装瓶	蜂蜜常温，油脂、乳类 5 ℃以下的冰箱冷藏室
酱油、醋、酒、饮料类	充分摇匀，称取分析试样后，其余部分留样（>100 g）	玻璃瓶、原盛装瓶酱油、醋不宜用塑料或金属容器	常温

样品类别	制样和留样	盛装容器	保存条件
罐头食品类	取固形物或可食部分，酱类取全部，用捣碎机捣碎混匀供分析用（>50 g），其余部分留样（>100 g）	玻璃广口瓶、原盛装罐头	5 ℃以下的冰箱冷藏室
保健品	用四分法缩分至约 300 g，再用四分法分成两份，一份留样（>100 g），另一份用捣碎机捣碎混匀供分析用（>50 g）	食品塑料袋、玻璃广口瓶	常温、通风良好

附录 F
（资料性附录）
检测方法确认的技术要求

F.1　回收率

对于食品中的禁用物质，回收率应在方法测定低限、两倍方法测定低限和十倍方法测定低限进行三水平试验；对于已制定最高残留限量（MRL）的，回收率应在方法测定低限、MRL、选一合适点进行三水平试验；对于未制定 MRL 的，回收率应在方法测定低限、常见限量指标、选一合适点进行三水平试验。回收率的参考范围见表 F.1。

表 F.1　回收率范围

被测组分含量/（mg/kg）	回收率范围/%
>100	95~105
1~100	90~110
0.1~1	80~110
<0.1	60~120

F.2　校准曲线

应描述校准曲线的数学方程以及校准曲线的工作范围，浓度范围尽可能覆盖一个数量级，至少作 5 个点（不包括空白）。对于筛选方法，线性回归方程的相关系数不应低于 0.98，对于确证方法，相关系数不应低于 0.99。测试溶液中被测组分浓度应在校准曲线的线性范围内。

F.3　精密度

对于食品中的禁用物质，精密度实验应在方法测定低限、两倍方法测定低限和十倍方法测定低限三个水平进行；对于已制定 MRL 的，精密度实验应在方法测定低限、MRL、选一合适点三个水平进行；对于未制定 MRL 的，精密度实验应在方法测定低限、常见限量指标、选一合适点三个水平进行。重复测定次数至少为 6。实验室内部的变异系数参考范围见表 F.2。

表 F.2　实验室内变异系数

被测组分含量	实验室内变异系数（CV）/%
0.1 μg/kg	43
1 μg/kg	30

（续表）

被测组分含量	实验室内变异系数（CV）/%
10 μg/kg	21
100 μg/kg	15
1 mg/kg	11
10 mg/kg	7.5
100 mg/kg	5.3
1 000 mg/kg	3.8
1%	2.7
10 %	2.0
100 %	1.3

F.4 测定低限

方法的测定低限按式（F.1）计算：

$$C_L = 3S_b / b \qquad (F.1)$$

式中：

C_L——方法的测定低限；

S_b——空白值标准偏差（一般平行测定 20 次得到）；

b——方法校准曲线的斜率。

对于已制定 MRL 的物质，方法测定低限加上样品在 MRL 处的标准偏差的三倍，不应超过 MRL 值。对于禁用物质，方法测定低限应尽可能低。

F.5 准确度

重复分析标准物质（实物标样）或水平测试样品，测定含量（经回收率校正后）平均值与真值的偏差，指导范围见表 F.3。

表 F.3 测定值与真值的偏差指导范围

真值含量/（mg/kg）	偏差范围/%
<0.001	−50~+20
0.001~0.01	−30~+10
0.010~10	−20~+10
10~1 000	<15
1 000~10 000	<10
>10 000	<5

F.6　提取效率

提取效率可用以下方法进行试验：

a）用阳性的标准物质或水平测试的阳性样品进行试验；

b）阳性样品用同一溶剂反复提取，观察被分析物的浓度变化；

c）用不同提取技术或不同提取溶剂进行比较。

F.7　特异性

对于检测筛选方法和确证方法特异性必应予以规定，尤其对于确证方法必应尽可能清楚地提供待测物的化学结构信息，仅基于色谱分析而没有使用分子光谱测定的方法，不能用于确证方法。确证方法可采用：

a）气相色谱–质谱；

b）液相色谱–质谱；

c）免疫亲和色谱或气相色谱–质谱；

d）气相色谱–红外光谱；

e）液相色谱–免疫层析。

F.8　耐用性

方法应具有对可变试验因素的抗干扰能力，当测定条件发生细小变动时，方法应具有一定的保持测定结果不受影响的承受程度。

参考文献

［1］GB/T 27025—2008 检测和校准实验室能力的通用要求

［2］CNAS/CL01：2006 检测和校准实验室能力认可准则

［3］ISO/IEC 15189：2003 医学实验室——质量和能力的特殊要求

［4］ISO 15190 医学实验室——安全要求

［5］中国实验室国家认可委员会.实验室认可与管理基础知识［M］.北京：中国计量出版社，2003.

［6］关于优良实验室规范（GLP）及其依从性监测原则的 OECD 系列文件，1 号文件，1998.

［7］CNAS/CL10：2006 检测和校准实验室能力认可准则在化学检测实验室的应用说明

［8］APLAC TC 007 Guidelines for Food Testing Laboratories

［9］Quality Control Procedures for Pesticide Residues Analysis Document N° Sanco/10476/2003

［10］CAN－P－1587 Guidelines for the accreditation of agriculture and food products testing laboratories

［11］ISO/TAG4/WG3 Guide to the expression of uncertainty in measurement，1993

［12］EN 2002/657/EC，Implementing Council Directive 96/23/EC，Concerning the performance of analytical methods and the interpretation of results，2002.

［13］UNDP/ World Bank/WHO Good Laboratory Practice（GLP）

［14］Guide to quality in analytical chemistry. CITAC/EURACHEM GUIDE.

［15］王叔淳.食品分析质量保证与实验室认可［M］.北京：化学工业出版社，2004.

［16］全国化工标准物质委员会.分析测试质量保证［M］.沈阳：辽宁大学出版社，2004.

［17］叶世柏.食品理化检测方法指南［M］.北京：北京大学出版社，1991.

［18］国家进出口商品检测局.食品分析大全［M］.北京：高等教育出版社，1997.

［19］国家商检局 FDA-PAM 编译组.农药残留量分析手册［M］.长沙：湖南科学技术出版社，1989.

［20］中华人民共和国国务院令第 344 号《危险化学品安全管理条例》

［21］GB/T 601—2002 标准滴定溶液的制备

［22］GB/T 19004—2000 质量管理 第 4 部分：业绩改进指南

［23］GB/T 19022—2003 测量管理体系 测量过程和测量设备的要求

［24］GB/T 15483.1—1999 利用实验室间比对的能力验证 第 1 部分：能力验证计划的建立和运作

［25］贾殿徐.实验室管理体系建立与审核教程［M］.北京：中国标准出版社，2006.

［26］张斌.实验室质量管理体系建立与运作指南［M］.北京：中国标准出版社，2006.

附件二　药品微生物实验室质量管理指导原则

《中国药典》2020 年版

药品微生物实验室质量管理指导原则用于指导药品微生物检验实验室的质量控制。涉及生物安全的操作，应符合相应国家、行业、地方的标准和规定等。

药品微生物的检验结果受很多因素的影响，如样品中微生物可能分布不均匀、微生物检验方法的误差较大等。因此，在药品微生物检验中，为保证检验结果的可靠性，必须使用经验证的检测方法并严格按照药品微生物实验室质量管理指导原则要求进行检验。

药品微生物实验室质量管理指导原则包括以下几个方面：人员、培养基、试剂、菌种、设施和环境条件、设备、样品、检验方法、污染废弃物处理、结果有效性的保证、实验记录、结果的判断和检测报告、文件等。

人员

微生物实验室应设置质量负责人、技术管理者、检验人员、生物安全责任人、生物安全监督员、菌种管理员及相关设备和材料管理员等岗位，可通过一人多岗设置。

从事药品微生物试验工作的人员应具备微生物学或相近专业知识的教育背景。

检验人员必须熟悉相关检测方法、程序、检测目的和结果评价。微生物实验室的管理者其专业技能和经验水平应与他们的职责范围相符，如：管理技能、实验室安全、试验安排、预算、实验研究、实验结果的评估和数据偏差的调查、技术报告书写等。

实验人员上岗前应依据所在岗位和职责接受相应的培训，在确认他们可以承担某一试验前，他们不能独立从事该项微生物试验。培训内容包括胜任工作所必需的设备操作、微生物检验技术等方面的培训，如无菌操作、培养基制备、消毒、灭菌、注平板、菌落计数、菌种的转种、传代和保藏、洁净区域的微生物监测、微生物检查方法和鉴定基本技术等，经考核合格后方可上岗。

实验人员应经过实验室生物安全方面的培训，熟悉生物安全操作知识和消毒灭菌知识，保证自身安全，防止微生物在实验室内部污染。

实验室应确定实验人员持续培训的需求，制定继续教育计划，保证知识与技能不断的更新。

实验室应确定人员具备承担相应实验室活动的能力，以及评估偏离影响程度的能力。可通过参加内部质量控制、能力验证或实验室间比对等方式客观评估检验人员的能力，并授权从事相应的实验室活动，必要时对其进行再培训并重新评估。当使用一种非经常使用的方法或技术时，有必要在检测前确认微生物检测人员的操作技能。

所有人员的培训、考核内容和结果均应记录归档。

培养基

培养基是微生物试验的基础，直接影响微生物试验结果。适宜的培养基制备方法、贮藏条件和质量控制试验是提供优质培养基的保证。

微生物实验室使用的培养基可按培养基处方配制，也可使用按处方生产的符合规定的脱水培养基配制，或直接采用商品化的预制培养基。商品化的脱水培养基或预制培养基应设立接收标准，并进行符合性验收，包括品名、批号、数量、生产单位、外观性状（瓶盖密封度、内容物有无结块霉变等）、处方和使用说明、有效期、贮藏条件、生产商提供的质控报告和/或其他相关材料（如配方变更）。

培养基的配制

制备培养基时，应选择质量符合要求的脱水培养基或单独配方组分进行配制。不应使用结块、颜色发生变化或其他物理性状明显改变的脱水培养基。

脱水培养基或单独配方组分应在适当的条件下贮藏，如低温、干燥和避光，所有的容器应密封，尤其是盛放脱水培养基的容器。

为保证培养基质量的稳定可靠并符合要求，配制时，脱水培养基应按使用说明上的要求操作，自制培养基应按配方准确配制。各脱水培养基或各配方组分称量应达到相应的精确度。配制培养基最常用的溶剂是纯化水。应记录各称量物的重量和水的使用量。

配制培养基所用容器不得影响培养基质量，一般为玻璃容器。培养基配制所用的容器和配套器具应洁净，可用纯化水冲洗玻璃器皿以消除清洁剂和外来物质的残留。对热敏感的培养基，如糖发酵培养基，其分装容器一般应预先进行灭菌，以保证培养基的无菌性。

配制时，培养基应完全溶解混匀，再行分装与灭菌。若需要加热助溶，应注意不要过度加热，以避免培养基颜色变深。如需要添加其他组分时，加入后应充分混匀。

培养基的灭菌

培养基应采用经验证的灭菌程序灭菌。商品化的预制培养基必须附有所用灭菌方法的资料。培养基灭菌一般采用湿热灭菌技术，特殊培养基可采用薄膜过滤除菌等技术。

培养基若采用不适当的加热和灭菌条件，有可能引起颜色变化、透明度降低、琼脂凝固力或 pH 值的改变。因此，培养基应采用验证的灭菌程序灭菌，培养基灭菌方法和条件，可通过无菌性试验和适用性检查（或灵敏度检查）试验进行验证。此外，对高压灭菌器的蒸汽循环系统也要加以验证，以保证在一定装载方式下的正常热分布。温度缓慢上升的高压灭菌器可能导致培养基的过热，过度灭菌可能会破坏绝大多数的细菌和真菌培养基促生长的质量。灭菌器中培养基的容积和装载方式也将影响加热的速度。此外还应关注灭菌后培养基体积的变化。

应确定每批培养基灭菌后的 pH 值（冷却至 25 ℃左右测定）。若培养基处方中未列出 pH 值的范围，除非经验证表明培养基的 pH 值允许的变化范围很宽，否则，pH 值的范围不能超过规定值±0.2。如需灭菌后进行调整，应使用灭菌或除菌的溶液。

培养基的贮藏

自配的培养基应标记名称、批号、配制日期、制备人等信息，并在已验证的条件下贮藏。商品化的预制培养基应根据培养基使用说明书上的要求进行贮藏，所采用的贮藏和运输条件应使成品培养基最低限度的失去水分并提供机械保护。

培养基灭菌后不得贮藏在高压灭菌器中，琼脂培养基不得在 0 ℃或 0 ℃以下存放，因为冷冻可能破坏凝胶特性。培养基保存应防止水分流失，避光保存。琼脂平板最好现配现用，如置冰箱保存，一般不超过 1 周，且应密闭包装，若延长保存期限，保存期需经验证确定。

培养基的质量控制试验

实验室应制定试验用培养基的质量控制程序，确保所用培养基质量符合相关检查的需要。

实验室配制或商品化的成品培养基的质量依赖于其制备过程，采用不适宜方法制备的培养基将影响微生物的生长或复苏，从而影响试验结果的可靠性。

所有配制好的培养基均应进行质量控制试验。实验室配制的培养基的常规监控项目是 pH 值、适用性检查或灵敏度检查试验，定期的稳定性检查以确定有效期。培养基在有效期内应依据适用性检查试验确定培养基质量是否符合要求。有效期的长短取决于在一定存放条件下（包括容器特性及密封性）的培养基其组成成分的稳定性。

除药典通则另有规定外，在实验室中，若采用已验证的配制和灭菌程序制备培养基且过程受控，那么同一批脱水培养基的适用性检查试验可只进行 1 次。如果培养基的制备过程未经验证，那么每一灭菌批培养基均要进行适用性检查或灵敏度检查试验。试验的菌种可根据培养基的用途从相关通则中进行选择，也可增加生产环境及产品中常见的污染菌株。

培养基的质量控制试验若不符合规定，应寻找不合格的原因，以防止问题重复出现。任何不符合要求的培养基均不能使用。

固体培养基灭菌后的再融化只允许 1 次，以避免因过度受热造成培养基质量下降或微生物污染。培养基的再融化一般采用水浴或流通蒸汽加热，若采用其他溶解方法，应对其进行评估，确认该溶解方法不影响培养基质量。融化的培养基应置于 45~50 ℃的环境中，不得超过 8 小时。使用过的培养基（包括失效的培养基）应按照国家污染废物处理相关规定进行。

制成平板或分装于试管的培养基应进行下列检查：容器和盖子不得破裂，装量应相同，尽量避免形成气泡，固体培养基表面不得产生裂缝或涟漪，在冷藏温度下不得形成结晶，不得污染微生物等。

用于环境监控的培养基须特别防护，以防止外来污染物的影响带到环境中及避免出现假阳性结果。

实验室应有文件规定微生物实验用培养基、原材料及补充添加物的采购、验收、贮藏、制备、灭菌、质量检查与使用的全过程，并对培养基的验收、制备、灭菌、贮藏（包括灭菌后）、质量控制试验和使用情况等进行记录，包括培养基名称、制造商、批号、表观特性、配制日期和配制人员的标识、称量、配制及分装的体积、pH 值、灭菌设备及程序等，按处方配制的培养基记录还应包括成分名称及用量。

试剂

微生物实验室应有试剂接收、检查和贮藏的程序，以确保所用试剂质量符合相关检查要求。

实验用关键试剂，在使用和贮藏过程中，应对每批试剂的适用性进行验证。实验室应对试剂进行管理控制，保存和记录相关资料。

实验室配制的所有试剂、试液及溶液应贴好标签，标明名称、制备依据、适用性、浓度、贮藏条件、制备日期、有效期及制备人等信息。

菌种

试验过程中，生物样本可能是最敏感的，因为它们的活性和特性依赖于合适的试验操作和贮藏条件。实验室菌种的处理和保藏的程序应标准化，使尽可能减少菌种污染和生长特性的改变。按统一操作程序制备的菌株是微生物试验结果一致性的重要保证。

药品微生物检验用的试验菌应为有明确来源的标准菌株，或使用与标准菌株所有相关特性等效的可以溯源的商业派生菌株。

标准菌株应来自认可的国内或国外菌种保藏机构，其复苏、复壮或培养物的制备应按供应商提供的说明或按已验证的方法进行。从国内或国外菌种保藏机构获得的标准菌株经过复活并在适宜的培养基中生长后，即为标准储备菌株。标准储备菌株应进行纯度和特性确认。标准储备菌株保存时，可将培养物等份悬浮于抗冷冻的培养基中，并分装于小瓶中，建议采用低温冷冻干燥、液氮贮存、超低温冷冻（低于−30 ℃）等方法保存。低于−70 ℃或低温冷冻干燥方法可以延长菌种保存时间。标准储备菌株可用于制备每月或每周1次转种的工作菌株。冷冻菌种一旦解冻转种制备工作菌株后，不得重新冷冻和再次使用。

工作菌株的传代次数应严格控制，不得超过5代（从菌种保藏机构获得的标准菌株为第0代），以防止过度的传代增加菌种变异的风险。1代是指将活的培养物接种到微生物生长的新鲜培养基中培养，任何形式的转种均被认为是传代1次。必要时，实验室应对工作菌株的特性和纯度进行确认。

工作菌株不可替代标准菌株，标准菌株的商业衍生物仅可用作工作菌株。标准菌株如果经过确认试验证明已经老化、退化、变异、污染等或该菌株已无使用需要时，应及时灭菌销毁。

菌种必须定期转种传代，并做纯度、特性等实验室所需关键指标的确认，实验室应建立菌种管理（从标准菌株到工作菌株）的文件和记录，内容包括菌株的申购、进出、收集、贮藏、确认、转种、使用以及销毁等全过程。每支菌种都应注明其名称、标准号、接种日期、传代数，并记录菌种生长的培养基和培养条件、菌种保藏的位置和条件等信息。

设施和环境条件

微生物实验室应具有进行微生物检测所需的适宜、充分的设施条件，实验环境应保证不影响检验结果的准确性。微生物实验室应专用，并与生产、办公等其他区域分开。

实验室的布局和运行

微生物实验室的布局与设计应充分考虑到试验设备安装、良好微生物实验室操作规范和实验室安全的要求。以能获得可靠的检测结果为重要依据，且符合所开展微生物检测活动生物安全等级的需要。实验室布局设计的基本原则是既要最大可能防止微生物的污染，又要防止检验过程对人员和环境造成危害，同时还应考虑活动区域的合理规划及区分，避免混乱和污染，提高微生物实验室操作的可靠性。

微生物实验室的设计和建筑材料应考虑其适用性，以利清洁、消毒并减少污染的风险。洁净区域应配备独立的空气机组或空气净化系统，以满足相应的检验要求，包括温度和湿度的控制，压力、照度和噪声等都应符合工作要求。空气过滤系统应定期维护和更换，并保存相关记录。微生物实验室应包括相应的洁净区域和生物安全控制区域，同时应根据实验目的，在时间或空间上有效分隔不相容的实验活动，将交叉污染的风险降到最低。生物安全控制区域应配备满足要求的生物安全柜，以避免有危害性的生物因子对实验人员和实验环境造成危害。霉菌试验要有适当的措施防止孢子污染环境。对人或环境有危害的样品应采取相应的隔离防护措施。一般情况下，药品微生物检验的实验室应有符合无菌检查法（通则1101）及非无菌产品微生物限度检查：微生物计数法（通则1105）和控制菌检查法（通则1106）要求的、用于开展无菌检查和微生物限度检查及无菌采样等检测活动的、独立设置的洁净室（区）或隔离系统，并配备相应的阳性菌实验室、培养室、试验结果观察区、培养基及实验用具准备（包括灭菌）区、样品接收和贮藏室（区）、标准菌株贮藏室（区）、污染物处理区和文档处理区等辅助区域。微生物基因扩增检测实验室原则上应设分隔开的工作区域以防止污染，包括（但不限于）试剂配制与贮存区、核酸提取区、核酸扩增区和扩增产物分析区。应对上述区域明确标识。

微生物实验的各项工作应在专属的区域进行，以降低交叉污染、假阳性结果和假阴性结果出现的风险。无菌检查应在隔离器系统或B级背景下的A级单向流洁净区域中进行，微生物限度检查应在不低于D级背景下的生物安全柜或B级洁净区域内进行。A级和B级区域的空气供给应通过终端高效空气过滤器（HEPA）。

一些样品若需要证明微生物的生长或进一步分析培养物的特性，应在生物安全控制区域进行。任何出现微生物生长的培养物不得在实验室洁净区域内打开。对染菌的样品及培养物应有效隔离，以减少假阳性结果的出现。病原微生物的分离鉴定工作应在相应级别的生物安全实验室进行。

实验室应制定进出洁净区域的人和物的控制程序和标准操作规程，对可能影响检验结果的工作（如洁净度验证及监测、消毒、清洁、维护等）或涉及生物安全的设施和环境条件的技术要求能够有效地控制、监测并记录，当条件满足检测方法要求方可进行样品检测工作。微生物实验室使用权限应限于经授权的工作人员，实验人员应了解洁净区域的正确进出的程序，包括更衣流程，该洁净区域的预期用途、使用时的限制及限制原因，适当的洁净级别。

环境监测

微生物实验室应按相关国家标准制定完整的洁净室（区）和隔离系统的验证和环境监测标准操作规程，环境监测项目和监测频率及对超标结果的处理应有书面程序。监测项目应涵盖到位，包括对空气悬浮粒子、浮游菌、沉降菌、表面微生物及物理参数（温度、相对湿度、换气次数、气流速度、压差、噪声等）的有效控制和监测。环境监测按药品洁净实验室微生物监测和控制指导原则（指导原则9205）进行。

清洁、消毒和卫生

微生物实验室应制定清洁、消毒和卫生的标准操作规程，规程中应涉及环境监测结果。

实验室在使用前和使用后应进行消毒，并定期监测消毒效果，要有足够的洗手和手消毒设施。实验室应有对有害微生物发生污染的处理规程。

所用的消毒剂种类应满足洁净实验室相关要求并定期更换。理想的消毒剂既能杀死广泛的微生物、对人体无毒害、不会腐蚀或污染设备，又有清洁剂的作用，性能稳定、作用快、残留少、价格合理。对所用消毒剂和清洁剂的微生物污染状况应进行监测，并在确认的有效期内使用，A级和B级洁净区应当使用无菌的或经无菌处理的消毒剂和清洁剂。

设备

微生物实验室应配备与检验能力和工作量相适应的仪器设备，其类型、测量范围和准确度等级应满足检验所采用标准的要求。设备的安装和布局应便于操作，易于维护、清洁和校准，并保持清洁和良好的工作状态。用于试验的每台仪器、设备应该有唯一标识。

仪器设备应有合格证书，实验室在仪器设备完成相应的检定、校准、验证、确认其性能，并形成相应的操作、维护和保养的标准操作规程后方可正式使用，仪器设备使用和日常监控要有记录。

设备的维护

为保证仪器设备处于良好工作状态，应定期对其进行维护和性能验证，并保存相关记录。仪器设备若脱离实验室或被检修，恢复使用前应重新确认其性能符合要求。

重要的仪器设备，如培养箱、冰箱等，应由专人负责进行维护和保管，保证其运行状态正常和受控，同时应有相应的备用设备以保证试验菌株和微生物培养的连续性，高压灭菌器、隔离器、生物安全柜等设备实验人员应经培训后持证上岗。对于培养箱、冰箱、高压灭菌锅等影响实验准确性的关键设备应在其运行过程中对关键参数（如温度、压力）进行连续观测和记录，有条件的情况下尽量使用自动记录装置。如果发生偏差，应评估对以前的检测结果造成的影响并采取必要的纠正措施。

对于一些容易污染微生物的仪器设备，如水浴锅、培养箱、冰箱和生物安全柜等应定期进行清洁和消毒。

对试验用的无菌器具应实施正确的清洗、灭菌措施，并形成相应的标准操作规程，无菌器具应有明确标识并与非无菌器具加以区别。

实验室的某些设备（例如培养箱、高压灭菌器等）应专用，除非有特定预防措施，以防止交叉污染。

校准、性能验证和使用监测

微生物实验室所用的仪器应根据日常使用的情况进行定期的校准，并记录。校准的周期和校验的内容根据仪器的类型和设备在实验室产生的数据的重要性不同而不同。仪器上应有标签说明校准日期和再校准日期。

温度测量装置 温度不但对实验结果有直接的影响，而且还对仪器设备的正常运转和正确操作起关键作用。相关的温度测量装置如培养箱和高压灭菌器中的温度计、热电耦和铂电阻温度计，应具有可靠的质量并进行校准，以确保所需的精确度，温度设备的校准应遵循国家或国际标准。

温度测量装置可以用来监控冰箱、超低温冰箱、培养箱、水浴锅等设备的温度，应在使用前验证此类装置的性能。

灭菌设备 灭菌设备的灭菌效果应满足使用要求。应使用多种传感器（如温度、压力等）监控灭菌过程。对实际应用的灭菌条件和装载状态需定期进行性能验证，经过维修或工艺变化等可能对灭菌效果产生影响时，应重新验证。应定期使用生物指示剂检查灭菌设备的效果并记录，指示剂应放在不易达到灭菌的部位。日常监控可以采用物理或化学方式进行。

非简单压力容器操作人员须持有特种作业人员证书。

生物安全柜、层流超净工作台、高效过滤器 应由有专业技能的人员进行生物安全柜、层流超净工作台及高效过滤器的安装与更换，要按照确认的方法进行现场生物和物理的检测，并定期进行再验证。

实验室生物安全柜和层流超净工作台的通风应符合微生物风险级别及符合安全要求。应定期对生物安全柜、层流超净工作台进行监测，以确保其性能符合相关要求。实验室应保存检查记录和性能测试结果。

其他设备 悬浮粒子计数器、浮游菌采样器应定期进行校准；pH计、天平和其他类似仪器的性能应定期或在每次使用前确认；若湿度对实验结果有影响，湿度计应按国家或国际标准进行校准；当所测定的时间对检测结果有影响时，应使用校准过的计时仪或定时器；使用离心机时，应评估离心机每分钟的转数，若离心是关键因素，离心机应该进行校准。

样品

样品采集

试验样品的采集，应遵循随机抽样的原则，由经过培训的人员在受控条件下进行，并防止污染。如需无菌抽样，应采用无菌操作技术，并在具有无菌条件的特定区域中进行。抽样环境应监测并记录，同时还需记录采样时间。抽样的任何消毒过程（如抽样点的消毒）不能影响样品中微生物的检出。

所抽样品应有清晰标识，避免样品混淆和误用。标识应包括样品名称、批号、抽样日期、采样容器、抽样人等信息，使标识安全可见并可追溯。

样品储存和运输

待检样品应在合适的条件下贮藏并保证其完整性，尽量减少污染的微生物发生变化。样品在运输过程中，应保持原有（规定）的储存条件或采取必要的措施（如冷藏或冷冻）。应明确规定和记录样品的贮藏和运输条件。

样品的确认和处理

实验室应有被检样品的传递、接收、储存和识别管理程序。

实验室在收到样品后应根据有关规定尽快对样品进行检查，并记录被检样品所有相关信息，如接收日期、样品状况、采样信息（包括采样日期和采样条件等）、贮藏条件。

如果样品存在数量不足、包装破损、标签缺失、温度不适等，实验室应在决定是否检测或拒绝接受样品之前与相关人员沟通。样品的包装和标签有可能被严重污染，因此，搬运和储存样品时应小心以避免污染的扩散，容器外部的消毒应不影响样品的完整性。样品的任何异常状况在检验报告中应有说明。

选择具有代表性的样品，根据有关的国家或国际标准，或者使用经验证的实验方法，尽快进行检验。

实验室应按照书面管理程序对样品进行保留和处置。已知被污染的样品应经过无害化处理。

检验方法

检验方法选择

药品微生物检验时，应根据检验目的选择适宜的方法进行样品检验。

检验方法的适用性确认

药典方法或其他相关标准中规定的方法是经过验证的，在引入检测之前，实验室应证实能够正确地运用这些方法。样品检验时所采用的方法应经适用性确认。当发布机构修订了标准方法，应在所需的程度上重新进行方法适用性确认。

实验室对所用商业检测系统如试剂盒应保留确认数据，这些确认数据可由制造者提供或由第三方机构评估，必要时，实验室应对商业检测系统进行确认。

检验方法的验证

如果检验方法不是标准中规定的方法，使用前应进行替代方法的验证，确认其应用效果优于或等同于标准方法。替代方法的验证按药品微生物检验替代方法验证指导原则（指导原则 9201）进行。

污染废弃物处理

实验室应有妥善处理废弃样品、过期（或失效）培养基和有害废弃物的设施和制度，旨在减少检查环境和材料的污染。污染废弃物管理应符合国家和地方法规的要求，并应交由当地环保部门资质认定的单位进行最终处置，由专人负责并书面记录和存档。

药品微生物实验室应当制定针对所操作微生物危害的安全应急预案，规范生物安全事故发生时的操作流程和方法，避免和减少紧急事件对人员、设备和工作的伤害和影响，如活的培养物洒出必须就地处理，不得使培养物污染扩散。实验室还应配备消毒剂、化学和生物学的溢出处理盒等相关装备。

结果有效性的保证

内部质量控制

为评估实验室检测结果的持续有效，实验室应制订质量控制程序和计划，对内部质量控制活动的实施内容、方式、责任人及结果评价依据作出明确的规定。质量控制计划应尽可能覆盖实验室的所有检测人员和检测项目。

对于药品微生物检测项目，实验室可定期使用标准样品（如需氧菌总数标准样品等）、质控样品或用标准菌株人工污染的样品等开展内部质量控制，并根据工作量、人员水平、能力验证结果、外部评审等情况明确规定质控频次。

在实施人员比对、设备比对和方法比对时，要选取均匀性和稳定性符合要求的样品进行。

外部质量评估

实验室应参加与检测范围相关的能力验证或实验室之间的比对实验来评估检测能力水平，通过参加外部质量评估来评定检测结果的偏差。

实验室应对评估结果进行分析，适时改进。

实验记录

实验结果的可靠性依赖于试验严格按照标准操作规程进行，而标准操作规程应指出如何进行正确的试验操作。为保证数据完整性，实验记录应包含所有关键的实验细节，确保可重复该实验室活动。

实验记录至少应包括以下内容：实验日期、检品名称、实验人员姓名、标准操作规程编号或方法、实验结果、偏差（存在时）、实验参数（如环境、设备、菌种、培养基和批号以及培养温度）、复核人签名等。

实验记录上还应显示出检验标准的选择，如果使用的是药典标准，必须保证是现行有效的标准。

试验所用的每一个关键的实验设备均应有记录，设备日志或表格应设计合理，以满足试验记录的追踪性，设备温度（水浴、培养箱、灭菌器）必须记录，且具有追溯性。

实验记录可以是纸质的，也可以是电子的。实验记录的修改应可追溯到前一个版本，并能保存原始及修改后的数据和文档，包括修改日期、修改内容和修改人员。

归档的数据应确保安全。电子数据应定期备份，其备份及恢复流程必须经过验证。纸质数据应便于查阅。数据的保存期限应满足相应规范要求，并建立数据销毁规程，数据的销毁应经过审批。

结果的判断和检测报告

由于微生物试验的特殊性，在实验结果分析时，对结果应进行充分和全面的评价，所有影响结果观察的微生物条件和因素均应完全，包括与规定的限度或标准有很大偏差的结果；微生物在原料、辅料或试验环境中存活的可能性；微生物的生长特性等。特别要了解实验结果与标准的差别是否有统计学意义。若发现实验结果不符合药典各品种项下要求或另外建立的质量标准，应进行原因调查。引起微生物污染结果不符合标准的原因主要有两个：试验操作错误或产生无效结果的试验条件；产品本身的微生物污染总数超过规定的限度或检出控制菌。

异常结果出现时，应进行调查。调查时应考虑实验室环境、抽样区的防护条件、样品在该检验条件下以往检验的情况、样品本身具有使微生物存活或繁殖的特性等情况。此外，回顾试验过程，也可评价该实验结果的可靠性及实验过程是否恰当。如果试验操作被确认是引起实验结果不符合的原因，那么应制定纠正和预防措施，按照正确的操作方案进行实验，在这种情况下，对试验过程及试验操作应特别认真地进行监控。

样品检验应有重试的程序，如果依据分析调查结果发现试验有错误而判实验结果无效，应进行重试。如果需要，可按相关规定重新抽样，但抽样方法不能影响不符合规定结果的分析调查。上述情况应保留相关记录。

微生物实验室检测报告应该符合检测方法的要求。实验室应准确、清晰、明确和客观地报告每一项或每一份检测的结果。

检测报告的信息应该完整、可靠。

检验过程出现与微生物相关的不合规范的数据，均属于微生物数据偏差（microbial data deviation，MDD）。对实验室偏差数据的调查，有利于持续提高实验室数据的可靠性。

文件

文件应当充分表明试验是在实验室里按可控的程序进行的，一般包括以下方面：人员培训与资格确认；设备验收、验证、检定（或校准期间核查）和维修；设备使用中的运行状态（设备的关键参数）；培养基制备、贮藏和质量控制；菌种管理；检验规程中的关键步骤；数据记录与结果计算的确认；质量责任人对试验报告的评估；数据偏离的调查。

所有程序和支持文件，应保持现行有效并易于人员取阅。涉及生物安全的操作现场应防止文件被污染。

附件三 《饲料 采样》（GB/T 14699—2023）

ICS 65.120
CCS B 20

中华人民共和国国家标准

GB/T 14699—2023
代替 GB/T 14699.1—2005

饲料 采样

Feed—Sampling

（ISO 6497：2002，Animal feeding stuffs—Sampling，MOD）

2023-08-06 发布 2024-03-01 实施

国家市场监督管理总局
国家标准化管理委员会 发布

前言

本文件按照 GB/T 1.1—2020《标准化工作导则　第 1 部分：标准化文件的结构和起草规则》的规定起草。

本文件代替 GB/T 14699.1—2005《饲料　采样》，与 GB/T 14699.1—2005 相比，除结构调整和编辑性改动外，主要技术变化如下：

——更改了范围（见第 1 章，2005 年版的第 1 章）；

——更改了代表性采样和选择性采样的要求（见 4.1 和 4.2，2005 年版的 3.1 和 3.2）；

——更改了固态产品采样工具部分要求（见 5.2.1.1.1 和 5.2.1.2，2005 年版的 6.2.1.1 和 6.2.2）；

——更改了对批量、总份样量和实验室样品量的要求（见 6.5，2005 年版的 8.3）；

——更改了谷物、油料籽实、豆类和颗粒状产品（袋装产品）的份样数要求［（见 7.1.3b）1)，2005 年版的 8.4.3a）］；

——更改了谷物、油料籽实、豆类和颗粒状产品的样品量（见表 4，2005 年版的表 4）；

——增加了谷物、油料籽实、豆类和颗粒状产品（散装产品）的部分采样程序（见 7.1.5.2）；

—更改了谷物、油料籽实、豆类和颗粒状产品（袋装产品）的部分采样程序（见 7.1.5.3，2005 年版的 8.4.5.3）；

——更改了谷物、油料籽实、豆类和颗粒状产品的实验室样品制备的部分要求（见 7.1.6，2005 年版的 8.4.6）；

——将矿物质添加剂更改为矿物质饲料原料［（见 7.2.1 d），2005 年版的 8.5.1 d）］；

——将配合饲料更改为配合饲料、浓缩饲料、精料补充料［(见 7.2.1 e），2005 年版的 8.5.1 e）］；

——更改了饲料添加剂中部分有机化合物的名称，删除了"药物和药物制剂"［见 7.2.1 f）1]，2005 年版的 8.5.1 f）1）］；

——增加了酶制剂和不以微生物检测为目的的微生物制剂［见 7.2.1 f）3）］；

——更改了粉状产品和粗饲料的批量大小的确定（见 7.2.2 和 7.3.2，2005 年版的 8.5.2 和 8.6.2）；

——更改了粗饲料采样程序中堆放、青贮窖、青贮堆内产品和成捆产品采样的最小份样数的要求（见 7.3.5.3、7.3.5.4，2005 年版的 8.6.5.3、8.6.5.4）；

——增加了粗饲料采样程序中搬运中产品采样的最小份样数的要求（见 7.3.5.5）；

——更改了舔砖、舔块产品的部分采样程序（见 7.4.5，2005 年版的 8.7.5）；

——更改了液态产品（散装产品）最小份样数的部分要求（见表 9，2005 年版的表 9）；

——更改了液态产品的部分采样程序（见7.5.5，2005年版的8.8.5）；

——更改了液态产品的实验室样品制备的部分要求（见7.5.6，2005年版的8.8.6）；

——更改了半液态（半固态）产品的部分采样程序（见7.6.5，2005年版的8.9.5）；

——更改了半液态（半固态）产品的实验室样品制备的部分要求（见7.6.6，2005年版的8.9.6）；

——增加了样品封装的部分要求（见8.1）；

——更改了实验室样品信息中关于样品的组成成分的要求〔（见8.2 e），2005年版的9.2 e）〕；

——增加了实验室样品信息中关于运输和贮存的要求〔（见8.2 g）〕；

——更改了实验室样品发送的要求（见8.3，2005年版的9.3）。

本文件修改采用ISO 6497：2002《动物饲料　采样》。

本文件与ISO 6497：2002相比，在结构上有较多调整。两个文件之间的结构编号变化对照一览表见附录A。

本文件与ISO 6497：2002的技术差异及其原因如下：

——更改了范围（见第1章，ISO 6497：2002的第1章），明确了饲料种类，与国内饲料标准相协调，便于文件使用者的理解与应用；

——更改了采样人员的要求（见6.1，ISO 6497：2002的第4章），符合我国饲料行业实际情况；

——增加了采样前对产品的识别和检查过程中对包装应完好的要求（见6.3），符合我国饲料行业实际情况；

——删除了固态饲料的分类〔见ISO 6497：2002的8.2a）、8.2 b）〕，符合我国饲料行业实际情况；

——更改了粉状产品的采样中部分产品举例（见7.2.1，ISO 6497：2002的8.5.1），与我国饲料法律法规一致；

——更改了堆放、青贮窖、青贮堆内产品和成捆产品采样的最小份样数的要求（见7.3.5.3、7.3.5.4，ISO 6497：2002的8.6.5.3、8.6.5.4），与上下文一致；

——增加了搬运中产品采样的最小份样数的要求（见7.3.5.5），与上下文一致；

——更改了实验室样品的制备的部分要求（见7.3.6，ISO 6497：2002的8.6.5.6），符合我国饲料行业实际情况；

——增加了实验室样品信息标识（见8.2），增加对需冷藏或冷冻运输和贮存样品的要求；

——删除了实验室样品的贮藏的部分要求（见ISO 6497：2002的9.4），贮藏时间由实际情况确定。

本文件做了下列编辑性改动：

——本文件名称修改为《饲料　采样》；

——增加了范围的注；

——更改了术语和定义中总份样的注；

——更改了术语和定义中实验室样品的注；

——更改了基本要求和说明中样品量的注；

——更改了田间采样中资料性引用文件；

——增加了液态产品举例。

请注意本文件的某些内容可能涉及专利。本文件的发布机构不承担识别专利的责任。

本文件由全国饲料工业标准化技术委员会（SAC/TC 76）提出并归口。

本文件起草单位：全国畜牧总站、中国农业科学院农业质量标准与检测技术研究所、山东省畜产品质量安全中心、青岛蔚蓝生物集团有限公司。

本文件主要起草人：宋荣、粟胜兰、李俊玲、郭吉原、李丽蓓、赵小阳、刘彬、金融、魏书林、邓涛、冯鑫磊。

本文件及其所代替文件的历次版本发布情况为：

——1993 年首次发布为 GB/T 14699.1—1993，2005 年第一次修订；

——本次为第二次修订。

饲料 采样

1 范围

本文件描述了用于商业、技术和法律目的的质量控制活动中饲料的采样方法。

本文件适用于配合饲料、浓缩饲料、精料补充料、添加剂预混合饲料、饲料添加剂和饲料原料的采样。

本文件不适用于宠物食品，也不适用于以微生物检验为目的的采样。

本文件对不同物理性状的饲料分别规定了不同的采样条件和要求，含有非均匀分布的有毒有害物质（真菌毒素、蓖麻籽壳或有毒种子等）的饲料的采样见附录 B。

注：已有国际标准或国家标准规定的某些类型饲料的采样见 GB/T 5524、GB/T 10360、ISO 707：2008、ISO 7002：1986、ISO 21294：2017、ISO 24333：2009。

2 规范性引用文件

本文件没有规范性引用文件。

3 术语和定义

下列术语和定义适用于本文件。

3.1

交付物 consignment

一次提供、发送或接收的特定数量饲料的总称。

注：交付物可能由一批或多批饲料组成（见 3.2）。

3.2

批 lot

批次

假定特性一致的某一个确定量交付物的总称。

注：特性的一致性源于单一的生产商提供的产品，而且该厂商总是使用相同的生产工艺，生产稳定，个体特性遵循正态分布或近似于正态分布（请注意，特殊情况可能会导致分布细节发生变化）。因此"批"一词在本文件中指"检验批"，即从中抽取样品并用于检验的一定量的交付物，可能与运输环节的"批"概念不同。

3.3

份样 increment

从同一批产品中某一个点所取的样品。

3.4

总份样 bulk sample

采自同一批产品的所有份样合并、混合而得到的样品。

注：为单独调查而采集的、有明显（能辨别）不同的份样的集合样，则表示为"总样"。

3.5

缩分样 reduced sample

总份样经连续分取或缩减而得到的具有代表性的部分样品，其质量或体积近似于实验室样品总量。

3.6

实验室样品 laboratory sample

缩分样经分取或缩减得到的、能代表整批产品质量状况，且用于分析和其他检测的部分样品。

注：每次采样，一般需得到 3 份或 4 份实验室样品，其中一份用于检验，至少有一份保存用于复检。若需要超过 4 份实验室样品，则增加缩分样质量，以满足实验室样品量的最低要求。

4　通则

4.1　代表性采样

代表性采样是指从一批产品中获得部分样品，对这部分样品的任何特性进行分析测定，所得的结果均代表整批产品该特性的平均值。

应从一批产品的不同部位采得份样，将这些份样合并、混合形成总份样，继而进行缩分获得有代表性的实验室样品。

4.2　选择性采样

在采样时，如果一批产品中某些部分的质量与其他部分差异明显，则应将这些有差异的部分分出，作为单独批次进行采样，并应在采样报告中说明。

如果这些有差异的部分不能作为单独的批，则应将有差异的部分与其他部分一起作为一个完整批次进行采样，并应在采样报告中注明。如可能，还应在采样报告中写明疑似不同部分所占的比例。

4.3　统计学考虑

可接受采样法是饲料采样的常用方法。按属性采样，一般根据二项式分布确定理论采样方案，但在实际工作中，该方案通常被简化成批量大小和份样数量之间的平方根关系。

注 1：对于散装产品，能认为样品是均匀一致的情况；如果批量在 2.5 t 以下，所取份样数不少于 7 个；如果批量在 2.5 t~80 t 之间，所取份样数不少于 $\sqrt{20\,m}$，其中 m 是该批的质量，以吨（t）计；如果批量超过 80 t，平方根关系仍然适用，但以此为依据做出错误决定的风险也会增加。份样数也能由相关利益方协商确定。

注 2：对于袋装产品、液态和半液态（半固态）产品、舔砖和舔块产品以及粗饲料，由于每批包装大小和批的质量或体积可能差异较大，平方根关系会略有不同。

5　设备与材料

5.1　要求

5.1.1　采样设备和盛放样品容器的制造材料应不影响样品的品质。

5.1.2　采样设备应与饲料颗粒大小、采样量、盛放样品容器大小和产品物理状态等相适应。

5.1.3　盛放样品容器应确保样品特性不变，直至检测完成。样品容器的大小应使样品几乎充满容器。样品应密封保存，在检测前不能启封和重新封存。

5.1.4 采样、缩分、贮存和处理样品时，应格外小心，确保所取的样品与取样批的特性不受影响。采样设备和盛放样品容器应清洁、干燥，不受外界气味的影响。

5.1.5 采样时，在不同样品间，采样设备应完全清理干净，这对含油量高的产品尤其重要。采样时采样人员应戴一次性手套，不同样品间应更换手套，以免污染随后的样品。

5.2 采样设备

5.2.1 固态产品采样工具

5.2.1.1 手工采样工具

5.2.1.1.1 散装饲料采样

普通铲子、手柄勺、柱状取样器（如取样钎、管状取样器、套筒取样器）和锥型取样器。取样钎可有一个或更多的隔间。

流动速度比较慢的散装饲料能手工采样。

5.2.1.1.2 袋装或其他包装饲料采样

手柄勺、麻袋取样钎或取样器、柱状取样器、锥型取样器和槽格式分样器。

5.2.1.2 机械采样工具

使用经认可的设备（如气动装置）对流动产品进行间隔采样。

若饲料流动速度较快，能采用手动控制的机械采样。

5.2.2 液态或半液态（半固态）产品采样工具

适当大小的搅拌器（纵向或横向）、取样瓶、取样管、分层取样器和长柄勺。

5.3 盛放样品容器

5.3.1 固态样品容器

容器及盖子应由防水且不透油的材料（例如玻璃、不锈钢、锡或合适的塑料等）制成。容器应是广口，最好圆柱形。容量与样品量相匹配，也可选用合适的塑料袋。容器应牢固、防水、密闭。如果样品用来测定如维生素 A、维生素 D_3、维生素 B_2、维生素 C 和叶酸等对光敏感的物质，以及如维生素 K_3、维生素 B_6 和维生素 B_{12} 等对光稍有敏感的物质，则应选用不透明的容器。

5.3.2 液态和半液态（半固态）样品容器

应由合适材料（玻璃或塑料等）制成。容量适宜、气密性好、宜深色。测定光敏感物质时，应符合 5.3.1 中对样品容器的要求。

6 基本要求和说明

6.1 采样人员

采样应由经过适当培训并有饲料采样经验的人员执行，而且采样人员应了解产品和采样过程可能涉及的危害和危险。

6.2 采样地点

在条件许可的情况下，采样应在不受诸如潮湿空气、灰尘或煤烟等外来污染危害影响的地方进行。条件许可时，采样应在装货或卸货的过程中进行。若不能在装卸过程中采样，则应将每批待采产品堆放好，使采样时接近其各部位，以便得到有代表性的实验室样品。

6.3　采样前对产品的识别和检查

采样前认真检查该批产品是否有问题，对照相关文件，核对该批产品的件数、质量或体积以及包装上的标识和产品标签等，包装应完好。

在采样报告中记录所需写明的项目、与采集有代表性样品相关的各种特性以及该批饲料和周围环境的状况。

若批内有受损部分，则将其分离；如果该批产品过于混杂不匀，则将性质相似的部分放在一起，然后将每一部分作为单独的批处理。

6.4　采样目标产品分类

按采样目标，饲料分为以下几类：

a）谷物、油料籽实、豆类、颗粒状产品；

b）粉状产品；

c）粗饲料；

d）舔砖、舔块产品；

e）液态产品；

f）半液态（半固态）产品。

6.5　样品量

欲得到代表整批产品的样品，应取到足够的份样数。份样数量按采样计划，根据批量大小和采样可行性决定。对于特别批次的产品，批量大小的确定受许多因素影响（见3.2）。本文件是针对批量小于或等于500 t的货品或产品制定的。

注：该采样步骤对于批量大于规定量的饲料依然有效，忽略表1~表3、表5、表7、表9~表11中给出的最大份样数，通过相应部分给出的平方根公式确定份样数，最小总份样量则按比例增加。这不妨碍将大的交付物分为较小的批次，再按本文件执行。

虽然根据批量大小规定了最小量，但总份样量的多少取决于特定采样计划中份样的量。每个实验室样品的量应不少于测定时要求试料质量或体积的3倍，而且每个实验室样品应足够进行所有的分析和检测。

7　采样步骤

7.1　谷物、油料籽实、豆类和颗粒状产品的采样

7.1.1　产品举例

产品举例如下：

——谷物：玉米、小麦、大麦、燕麦、水稻、高粱等；

——油料籽实：向日葵籽实、花生、油菜籽、大豆、棉籽、亚麻籽等；

——豆类：豆科作物籽实；

——颗粒产品：颗粒形态的饲料。

7.1.2　批量大小的确定

7.1.2.1　袋装产品，批量应由现有批内包装袋的数量或是由构成最大批量的包装袋数量决定。

7.1.2.2　集装箱内的散装产品，批量应由该批内现有集装箱的数量决定，或由构成最

大批量的最小集装箱数量决定。当一个集装箱内装的产品量已超过最大批量时，该集装箱的产品量应作为一个批量。

7.1.2.3 散装产品，应将其现有量作为一批，除非它在物理上已被分成了若干部分，此时应将每部分视为一个散装货物集装箱来处理。

7.1.3 份样数

随机选取最小份样数应符合以下规定。

a）散装或散装集装箱内的产品，见表1。

表1

批次产品的量（m）/t	最小份样数
≤2.5	7
>2.5	$\sqrt{20m}$，不超过100

b）袋装产品：

1）袋装质量不超过1 kg的产品，见表2；

表2

批内包装袋数（n）	最小份样数
1~6	每袋取样
7~24	6
>24	$\sqrt{2n}$，不超过100

2）袋装质量超过1 kg的产品，见表3。

表3

批内包装袋数（n）	最小份样数
1~4	每袋取样
5~16	4
>16	$\sqrt{2n}$，不超过100

7.1.4 样品量

样品量见表4。

表4

批次产品的量/t	最小总份样量/kg	最小缩分样量[a]/kg	最小实验室样品量/kg
≤1	4	2	0.5

（续表）

批次产品的量 /t	最小总份样量 /kg	最小缩分样量[a] /kg	最小实验室样品量 /kg
>1~5	8	2	0.5
>5~50	16	2	0.5
>50~100	32	2	0.5
>100~500	64	2	0.5

[a] 提供4份实验室样品的最小量（见3.6的注）。

7.1.5　采样程序

7.1.5.1　通则

采样地点应按6.2中规定执行。对于集装箱中散装产品，应在装货或卸货过程中取样。同样，对于直接用传送带传送到筒仓或仓库的产品，应在传送过程中取样。

7.1.5.2　散装产品采样

如果从堆放的散装产品中取样，先按7.1.3确定取样的最小份样数。然后，随机选取每个份样的采样位置。选择位置时，既要考虑表面区域，又要考虑深度，确保该批产品各部分均有同样的被采集机会。

对传送过程中的产品取样时，根据其流动速度，在一定的时间间隔内，人工或机械地插至流动的横截面取样。根据流速和本批次产品的量，计算产品通过采样点的时间，该时间除以所需采集的份样数，即得到采样的时间间隔。在每一个时间间隔点随机采集份样。

7.1.5.3　袋装产品采样

根据7.1.3的最小份样数决定该批需采样的包装袋总数量，随机选择需采样的包装袋。打开包装袋，用采样工具（5.2.1.1.2）采集每个份样。

如果是在密闭的包装袋中采样，使用麻袋取样钎或取样器。麻袋取样钎能水平或垂直使用，但应沿包装的对角线插取。可由整个深度或是分顶部、中部、底部三个水平取样。

采样完成后，封好包装袋上的采样孔。

如果不能或不适合用上述方法（或是，对于非颗粒混合物，因其不均匀性也不建议使用上述方法）采样，则打开包装，将产品全部倒在干净、干燥的地方，充分混合后，用普通铲子或手柄勺采取份样。

7.1.6　实验室样品的制备

尽快进行采样和样品制备，以避免样品质量发生变化或被污染。将采到的所有份样充分混合形成总份样。总份样可放入对样品质量无不良影响的容器或者袋子中。

采用手工（如随机杯法或四分法）或机械分样法（如使用钟鼎式分样器、离心式分样器或槽格式分样器）缩分总份样，重复缩分，每次均需混合，直至得到适量的缩分样，质量不少于2 kg。

将缩分样充分混合，并将其按要求分成质量大致相等的 3 份或 4 份实验室样品，每份实验室样品至少 0.5 kg，分别贮存于适当的容器中。见 3.6 的注。

7.2 粉状产品的采样

7.2.1 产品举例

下列物料经加工（如粉碎、碾磨或干燥）获得的饲料原料、饲料产品和饲料添加剂，其粒度远小于未加工处理的单种物料或混合物。

a）植物源性饲料原料：

　　1）整个或部分谷物籽粒；

　　2）未加工、加工或浸提的油料籽实；

　　3）未加工、加工或浸提的豆科籽实；

　　4）干苜蓿或干草；

　　5）植物浓缩蛋白；

　　6）淀粉；

　　7）酵母。

b）动物源性饲料原料：

　　1）鱼粉；

　　2）血粉、肉粉、肉骨粉、骨粉；

　　3）奶粉、乳清粉。

c）添加剂预混合饲料。

d）矿物质饲料原料。

e）配合饲料、浓缩饲料、精料补充料。

f）饲料添加剂：

　　1）有机化合物：维生素及类维生素、氨基酸（盐）及其类似物、抗氧化剂、调味和诱食物质；

　　2）无机化合物：矿物元素及其络（螯）合物、非蛋白氮；

　　3）酶制剂和不以微生物检测为目的的微生物制剂。

7.2.2 批量大小的确定

无论交付货物量有多少，其批次量不应超过 100 t。

7.2.3 份样数

份样数见 7.1.3。

7.2.4 样品量

样品量见 7.1.4。

7.2.5 采样程序

采样按 7.1.5 执行。注意事项如下。

a）干燥粉状产品采样时，控制空气粉尘的密度，防止爆炸。

b）由于产品经加工处理，易受微生物侵害，腐败危险增加。在采样前预先检查中，注意辨别批内产品有无异常；如有异常，将异常部分与其他部分分开，单独采样。

c）粉状产品（如由于潮湿）易于结块，有时需要添加抗结块剂。当发生结块时，可进行额外的处理或分开采样。如果产品产生较严重的分级，对不同部分分别采样。

7.2.6 实验室样品的制备

实验室样品的制备见7.1.6。

7.3 粗饲料的采样

7.3.1 产品举例

粗饲料产品举例如下：

——鲜青绿饲料（苜蓿、牧草、玉米等）；

——青贮、青绿饲料（苜蓿、牧草、玉米等）；

——干草（苜蓿、牧草等）；

——秸秆；

——饲用甜菜；

——干糖蜜；

——块根、块茎（马铃薯等）。

7.3.2 批量大小的确定

由于产品受许多遗传和环境因素影响，加上贮存方式的不同，粗饲料的批内特性差异可能很大，量大时尤为明显。因此，要求大批量的粗饲料有足够的均匀性可能是非常困难的，关于批量大小不能给出详细表述。

7.3.3 份样数

粗饲料大多以散装形式进行贮存和运输，规定采集的最小份样数应符合表5的规定。

表5

批次产品的量（m）/t	最小份样数
≤5	10
>5	$\sqrt{40m}$，不超过50

7.3.4 样品量

样品量见表6。

表6

产品种类	最小总份样量/kg	最小缩分样量[a]/kg	最小实验室样品量/kg
青绿饲料、甜菜、块根、块茎、青贮粗饲料	16	4	1
干燥的粗饲料、块根、块茎	8	4	1

[a] 提供4份实验室样品的最小量（见3.6的注）。

7.3.5 采样程序

7.3.5.1 通则

对粗饲料，通常使用手工采样方法。

7.3.5.2 田间采样

对于收获前后仍在田间的产品，根据土质不同，采样见 GB/T 32725。

7.3.5.3 堆放、青贮窖、青贮堆内产品的采样

对于堆放的、青贮窖、青贮堆内产品的采样，按 7.3.3 计算需采集的最小份样数，遍及整堆、整窖材料随机采集份样，保证其对各层产品均具代表性。青贮窖内产品采样时，注意安全，最好在搬运过程中采样。

7.3.5.4 成捆产品采样

对成捆产品采样时，按 7.3.3 计算需采集的最小份样数，随机从每一捆产品中抽取一个份样，采集一个完整的截面。

7.3.5.5 搬运中产品采样

对搬运中的产品采样，按 7.3.3 计算需采集的最小份样数，具体采样操作按 7.1.5.2 执行。

7.3.6 实验室样品的制备

尽快制备实验室样品，以避免其变质。将份样合并，混合制备总份样。对于粗饲料，可能有必要将总份样切成小段，然后用四分法将青绿粗饲料和干的粗饲料逐步缩减分取，获得适量的缩分样，但质量不少于 4 kg。对于大块块状产品，从总份样中随机选取一半数量的块作为缩分样。除非必要，不要在缩分阶段破坏总份样中块的完整性。

将缩分样充分混合，分成质量大致相等的 3 份或 4 份实验室样品，每份实验室样品至少 0.5 kg，装入适当的容器中。见 3.6 的注。

7.4 舔砖、舔块产品的采样

7.4.1 产品举例

矿物质舔砖、营养舔块等。

7.4.2 批量大小的确定

该类产品批量不应超过 10 t。

7.4.3 份样数

一批中应随机选取的最小份样数应符合表 7 的规定。

表 7

批内含的产品单元（块）数（n）	最小份样数（产品单元数）
≤25	4
26~100	7
>100	$\sqrt{n}$，不超过 40

7.4.4 样品量

样品量见表 8。

表 8

最小的总份样量 /kg	最小缩分样量ª /kg	最小实验室样品量 /kg
4	2	0.5

ª 提供 4 份实验室样品的最小量（见 3.6 的注）。

7.4.5　采样程序

按 7.4.3 规定的最小份样数，采取份样。如果舔砖或舔块产品很小，可将整个舔砖或舔块产品作为一个份样。

7.4.6　实验室样品的制备

如果舔砖或舔块产品较大，或是用整砖或整块作为份样，则需将其敲碎。

将份样合并，充分混合成总份样，将总份样缩减得到适量的缩分样，其质量不少于 2 kg。

充分混合缩分样，将其按要求分成质量大致相等的 3 份或 4 份实验室样品，每份实验室样品至少 0.5 kg，装入适当的容器。见 3.6 的注。

7.5　液态产品的采样

7.5.1　产品举例

低黏度产品：如大豆油、花生油。此类产品易于搅拌混合。

高黏度产品：如糖蜜、鱿鱼膏。此类产品不易搅拌混合。

7.5.2　批量大小的确定

该类产品通常的批量应为 60 t 或 60 000 L。但当一个容器内的产品量超过 10 t 或 10 000 L 时，应将这一容器内产品作为一批。

7.5.3　份样数

随机选取的最小份样数应符合以下规定。

a）散装产品：见表 9。

表 9

批次产品的量		最小份样数
质量 /t	体积 /L	
≤2.5	≤2 500	4
>2.5	>2 500	7

如果不能保证产品的均匀性，则增加份样数，以保证实验室样品的代表性。

b）容器装产品：贮存容器体积不超过 200 L 的产品，采样时抽取容器数应符合以下规定。

1）容器体积不超过 1 L 的产品，见表 10。

表 10

批次内含的容器数（n）	最小抽取容器数
≤16	4
>16	$\sqrt{n}$，不超过 50

2）容器体积超过 1 L 的产品，见表 11。

表 11

批次内含的容器数（n）	最小抽取容器数
1~4	逐个
5~16	4
>16	$\sqrt{n}$，不超过 50

7.5.4 样品量

样品量见表 12。

表 12

最小总份样量		最小缩分样量[a]		最小实验室样品量	
质量/kg	体积/L	质量/kg	体积/L	质量/kg	体积/L
8	8	2	2	0.5	0.5

[a] 提供 4 份实验室样品的最小量（见 3.6 的注）。

7.5.5 采样程序

7.5.5.1 罐装产品的采样

贮存在罐中的产品，可能不均匀，采样前需要搅拌混合，再用适当的器具从顶部开口穿插至底，采集份样。如果采样前不能混合，则在产品装罐或倒出的过程中采样。如果不能在流动过程中采样，则从整个批次产品中采集份样，以保证获得有代表性的实验室样品。

在某种情况下，如果产品特性允许，采样前加热，能提高样品的均匀性。

7.5.5.2 桶装产品的采样

采样前，将随机选取的每个待采样桶的内容物通过上下捣动、摇动或搅拌混合，然后再采集份样。如果采样前不能进行混合，则每个桶至少从不同方向和两个层面（顶部和底部）各取 2 个份样。

7.5.5.3 小容器中产品的采样

随机选择容器，混合每个容器的内容物，然后进行采样。如果采样容器很小，则整个容器可作为一个份样。

7.5.6　实验室样品的制备

将所有份样收集到一个合适的容器中形成总份样，充分混合，取适量作为缩分样，每个缩分样不少于 2 kg 或 2 L。

对于不容易混合的产品，使用下述程序缩分：

a）将总份样分成两部分，分别标为 A 和 B；

b）将 A 分成两部分，分别标为 C 和 D；

c）将 B 也分成两部分，分别标为 E 和 F；

d）随机选择 C 或 D；

e）随机选择 E 或 F；

f）将两者合并，充分混合；

g）如必要，重复该过程，直至获得 2 kg~4 kg（或 2 L~4 L）的缩分样；

h）缩分样充分混合后，将其分成质量或体积大致相等的 3 份或 4 份实验室样品，每份实验室样品至少 0.5 kg 或 0.5 L；

i）将每份实验室样品置于合适容器中。

如果要求制备 4 份以上的实验室样品，则应相应地增加缩分样的量。

7.6　半液态（半固态）产品的采样

7.6.1　产品举例

油脂、脂类产品、氢化脂肪等。

7.6.2　批量大小的确定

批量大小的确定见 7.5.2。

7.6.3　份样数

份样数见 7.5.3。

7.6.4　样品量

样品量见 7.5.4。

7.6.5　采样程序

7.6.5.1　通则

只要有可能，产品应在液态下采样。

7.6.5.2　液态产品的采样

液态产品的采样见 7.5.5。

7.6.5.3　半液态（半固态）产品的采样

对以贮罐运输和贮存的产品，使用适当的，能沿对角线插至罐底部的工具取样，至少在 3 个深度采取份样。如可能，在贮罐的整个截面采集份样。采样后，用部分该品将采样孔封好。

如果不能混合也不能在产品流动过程中采样，则在每隔 300 mm 的深处采一个份样，所采每个份样的量与该特定深度处罐的横截面积成比例。

7.6.6　实验室样品的制备

将采得的总份样充分混合。如可能，将总份样放入可加热的容器中，并用适当的方法将融化的产品混匀。如果加热对样品有不良影响，则使用某些其他适用方法混合总份样。

如必要，按 7.5.6 缩分总份样和制备实验室样品。

8 样品的封装、信息标识、发送和贮藏

8.1 样品封装

每个装有实验室样品的容器应由采样人员盖好和密封，使得以后不破坏封口，容器就不能打开。容器也可装入结实的信封或亚麻、棉或塑料袋中，再将后者密时，也使得不破坏封口，内容物就不能取出。

装有实验室样品的容器和外包装物应贴好实验室样品信息标识开将其封上，使得不破坏封口就不能拿掉标识。标识应有 8.2 中所要求的信息，不打开封层，这些信息应清晰可见。

容器和外包装也可在封好后贴上样品保管人或其代表签名的实验室样品信息标识。

8.2 实验室样品信息标识

应包括以下信息：

a）采样人和采样人所属单位名称；

b）采样人和采样单位给出的识别标志；

c）采样的地点、日期和时间；

d）样品标示（名称、等级和规格）；

e）样品的组成成分（已有声明）；

f）样品的识别代码、批号、货运代码或有关交付物托运识别信息等；

g）对于需冷藏或冷冻运输和贮存的样品，标识样品运输和贮存要求。

8.3 实验室样品的发送

每批产品应将至少一个实验室样品，与测定所需信息一起，尽快地送至商定的分析实验室。产品成分会随时间变化的样品，必要时可在适当的冷藏甚至冷冻条件下发送。

8.4 实验室样品的贮藏

实验室样品贮藏应防止样品成分发生变化。未送至实验室的样品应按约定的时间进行贮藏。

9 采样报告

采样后，应由采样人尽快完成采样报告。报告应附上包装或容器上产品标签的复印件或交接货物产品单据的复印件。

采样报告应至少包含以下信息。

a）实验室样品信息标识上所要求的信息（见 8.2）。

b）被采样人的姓名和地址。

c）制造商、进口商、分装商和（或）经销商的名称。

d）批次量的多少（质量和体积）。如适宜，还包括以下内容：

　　1）采样目的；

　　2）从交付物中采集并交给商定实验室分析的实验室样品数量；

　　3）采样过程中出现的任何偏差的详细说明；

　　4）其他相关信息。

附录 A
（资料性）
本文件与 ISO 6497：2002 的结构编号变化对照一览表

本文件与 ISO 6497：2002 的结构编号变化对照一览表见表 A.1。

表 A.1

本文件结构编号	ISO 6497：2002 结构编号
1	1
2	—
3	2
4	3
5.1	6.1、6.4、7.1、7.2
5.2	6.2、6.3
5.3	7.3、7.4
6.1	4
6.2	8.1
6.3	5
6.4	8.2
6.5	8.3
7.1	8.4
7.2	8.5
7.3	8.6
7.4	8.7
7.5	8.8
7.6	8.9
8	9
9	10
附录 A	—
附录 B	附录 A
参考文献	参考文献

附录 B
（资料性）
含有非均匀分布的有毒有害物质（真菌毒素、
蓖麻籽壳或有毒种子等）的饲料的采样

B.1 拟采集的总样量

B.1.1 通则

当需要检验非均匀分布的有毒有害物质时，宜从一批产品中抽取一定数目的单独总样，并由此获得不同的实验室样品。每一批产品宜抽取的最小单独总样数见 B.1.2 和 B.1.3。

B.1.2 袋装或其他容器包装产品的采样

袋装或其他容器包装的产品需采集的最小单独总样数见表 B.1。

表 B.1

每批产品中袋或容器的数量	最小单独总样数
1~16	1
17~200	2
201~800	3
>800	4

B.1.3 散装产品采样

散装产品需采集的最小单独总样数见表 B.2。

表 B.2

批次产品的量 /t	最小单独总样数
≤1	1
>1~10	2
>10~40	3
>40	4

B.2 份样数

B.2.1 根据第 7 章确定份样数，除以 B.1.1 中规定的单独总样数。必要时，结果四舍五入后取整数。

B.2.2　将该批产品按 B.1.1 中规定的单独总样数分成大致相同部分。

B.2.3　从 B.2.2 划分的各部分产品中，按 B.2.1 规定的份样数随机取样。

B.2.4　将每部分产品的份样混合，形成这部分产品的总样。不要将不同部分产品的份样混合。根据不同类型的饲料，按第 7 章的规定，将每个总样混合、缩分、制备实验室样品。

参考文献

［1］　GB/T 5524　动植物油脂　扦样

［2］　GB/T 10360　油料饼粕　扦样

［3］　GB/T 32725　实验室测定微生物过程、生物量与多样性用土壤的好氧采集、处理及贮存指南

［4］　ISO 707：2008　Milk and millk products—Guidance on sampling

［5］　ISO 7002：1986　Agricultural food products—Layout for a standard method of sampling from a lot

［6］　ISO 21294：2017　Oilseeds—Manual or automatic discontinuous sampling

［7］　ISO 24333：2009　Cereals and cereal products—Sampling

附件四 《动物饲料 试样的制备》(GB/T 20195—2006)

ICS 65.120
B 46

中华人民共和国国家标准

GB/T 20195—2006/ISO 6498：1998

动物饲料 试样的制备
Animal feeding stuffs
——Preparation of test samples
(ISO 6498：1998，IDT)

2006-02-24 发布

2006-07-01 实施

中华人民共和国国家质量监督检验检疫总局
中国国家标准化管理委员会 发布

前言

本标准是等同采用 ISO 6498：1998《动物饲料——试样的制备》（英文版）。

为便于使用，本标准做了下列编辑性修改：

——"本国际标准"一词改为"本标准"；

——用小数点"."代替作为小数点的逗号","；

——删除了国际标准的前言；

——用句号代替英文版中的"."；

——将国际标准 ISO 6498：1998《动物饲料——试样的制备》按 GB/T 1.1—2000 的格式进行规范；

——为便于区分，将7.1.3和7.1.4的两个粗样改为粗样一和粗样二；

——第3条术语和定义按照 GB/T 20001.4—2001 书写；

——第 6 条采样依据标准改为已等同采用 ISO 标准的国家标准 GB/T 14699.1—2005。

本标准的附录 A 为资料性附录。

本标准由国家质量监督检验检疫总局提出。

本标准由全国饲料工业标准化技术委员会归口。

本标准由国家饲料质量监督检验中心（北京）负责起草。

本标准主要起草人：赵根龙、王忠言。

动物饲料　试样的制备

1　范围

本标准规定了动物饲料包括宠物食品由实验室样品制备试样的方法。

2　规范性引用文件

下列文件中的条款通过本标准的引用而成为本标准的条款。凡是注日期的引用文件，其随后所有的修改单（不包括勘误的内容）或修订版均不适用于本标准，然而，鼓励根据本标准达成协议的各方研究是否可使用这些文件的最新版本。凡是不注日期的引用文件，其最新版本适用于本标准。

ISO 6492　动物饲料——脂肪含量的测定

ISO 6496　动物饲料——水分的测定

3　术语和定义

下列术语和定义适用于本标准。

3.1　实验室样品 laboratory sample

从一批样品中缩分抽取的、代表其质量状况的、为送往实验室做分析检验或其他测试的样品。

3.2　试样 test sample

将实验室样品通过分样器或手工分样，必要时经磨样后的有代表性的样品。

3.3　试料 test portion

从试样（或实验室样品）取得的有代表性的物料。

4　原理

对于固体，实验室样品需经特定的步骤充分混合及分样，直至获得适当粒度的试样。使用粉碎、研磨、绞碎或均质等方法以使试样及试料真实代表实验室样品。对于液体饲料，实验室样品经机械混合，混匀后就得到具有代表性的试样。

5　仪器设备

5.1　机械磨：易清洗，能够研磨饲料，不会过热及使水分发生明显变化，能使样品经研磨后完全通过适当孔径的筛。

有些饲料易于失水或吸水，如有这种情况，需对结果加一校正因子（见7.2和第8章）。

注：磨的筛网的大小不一定与检验用的大小相同。

5.2　机械搅拌器或均质器。

5.3　绞肉机：配有 4 mm 孔的筛板。

5.4　粉碎装置：如杵或研钵。

5.5　筛：筛孔为 1.00 mm、2.80 mm 和 4.00 mm 的金属网。

5.6　分样器或四分装置：如圆锥分配器（见图 A.1），具有分类系统的复合槽分配器（见图 A.2），或其他能保证试样的组成具有相同分布的其他分配装置。

5.7　样品容器：能够保证试样成分不发生变化，避光，并有足够的容积。

　　容器应密封良好。

6　采样

　　采样不是本标准的内容，采样按照 GB/T 14699.1—2005 进行操作。

　　实验室收到的样品的真实性和代表性以及在传送和贮存时不发生损坏是十分重要的。

　　保存样品时应避免样品发生变质和变化。

7　步骤

　　警告：切记小心不要让设备污染样品。

7.1　磨样

7.1.1　通则

　　研磨样品可能导致失水或吸水，应制定一个限度（见 7.2 和第 8 章）。研磨应尽可能快，并尽可能少暴露在空气中。如需要可先将料块打碎或碾碎成适当大小。每一步都应将样品充分混合。

7.1.2　良好的样品

　　如果实验室样品能够完全通过 1.00 mm 的筛，则将之充分混合。用分样器或四分装置（5.6）逐次分样直至得到需要量的试样。

7.1.3　粗样一

7.1.3.1　如果实验室样品完全不能通过 1.00 mm 的筛，而且能全部通过 2.80 mm 的筛，将其充分混合，照 7.1.2 逐次分样以制成适量的样品。

7.1.3.2　小心地在已清洁干净的磨（5.1）中研磨样品，直至能全部通过 1.00 mm 的筛。

7.1.4　粗样二

7.1.4.1　如果实验室样品不能完全通过 2.80 mm 的筛，仔细地在已清洁干净的磨（5.1）中研磨样品，直至能全部通过 2.80 mm 的筛。充分混合。

7.1.4.2　将研磨过的实验室样品用分样器依次分样得到检测所需的试样（见 7.9）。再将此样品用已清洁的磨（5.1）研磨，直至能全部通过 1.00 mm 的筛。

7.2　易于失水或吸水的样品

　　如果研磨操作导致失水或吸水，采用 ISO 6496 的方法测定水分含量，使用此方法测定充分混匀的实验室样品和制备的试样，从而对原样水分含量进行校正。

7.3　难研磨的样品

　　如果实验室样品不能通过 1.00 mm 的筛从而使研磨困难，在按 7.1.3.1 所述初混后或按 7.1.4.1 所述预磨后立即取一部分样品。

按照 ISO 6496 的方法测定水分含量。用杵和研钵研磨样品或用其他方法使其能完全通过 1.00 mm 的筛后干燥样品，再次测定制备的试样的水分从而将分析结果校正为原样的水分含量。

7.4 湿饲料如罐装或冷冻宠物食品

用机械搅拌器或均质器将实验室样品（可以是整份罐装或其他包装）均质，将均质化的样品充分混合，装入一清洁干燥的样品容器中，密封。应尽快进行实验，最好立即进行。否则应将试样储存于 0 ℃~4 ℃条件下。

7.5 冷冻饲料

用适当的工具将实验室样品切或打碎成块，立即将其放入绞肉机（5.3），将切碎的样品混合直至渗出的液体完全均匀地混入样品。将样品装入清洁干燥的样品容器中，密封。应尽快进行实验，最好立即进行，否则应将试样储存于 0 ℃~4 ℃条件下。

7.6 中等水分含量饲料

将实验室样品缓慢地通过绞肉机（5.3）。充分混合切碎的样品，立即将之通过 4.00 mm 的筛，装入清洁干燥的样品容器中，密封。

如果实验室样品无法切碎，则用手工尽量混合和研磨好。

7.7 青贮饲料和液体样品

7.7.1 草料或谷类青贮饲料

如可能将全部的实验室样品通过机械磨（5.1），或尽可能将其切碎，将其充分混合后将至少 100 g 试样转入样品容器内。

如果此实验室样品无法通过机械磨或不能被充分切碎，则使其尽可能充分混合，然后按 ISO 6496 的方法测定水分含量。将此实验室样品干燥（例如在 60 ℃~70 ℃带鼓风的电热烘箱中过夜），然后将样品通过机械磨（5.1）。将样品充分混合后将至少 100 g 样品放入样品容器内。按照 ISO 6496 提供的方法测定制备的试样中的水分并对结果进行校正（见第 8 章）。

7.7.2 液体样品（包括鱼饲料）

用一台机械搅拌器或均质器（5.2）混合实验室样品，以使所有的独立物质（骨粉、油等）能完全分散开。边摇边用勺、烧杯或大口吸管转移 50 mL 到 100 mL 样品到样品容器中（5.7）。

7.8 有特殊要求的样品

注1：有些测定需对试样特殊制备，这些特殊步骤见试验方法的有关章节。

对于需要特殊细度的试样的测定，需进一步研磨。在这种情况下，按 7.1、7.2 或 7.3 所述制备试样，但需达到要求的细度。

在有些情况下，应避免打碎或破坏实验室样品，例如测定颗粒硬度。

注2：如认为实验室样品是非均质的，例如分析真菌或药物添加剂，可能需要将所有样品研磨并分样至适当的试验量。

如样品是脂肪，制备试样时可能需加热和混合，有时需要预先抽提脂肪。可按 ISO 6492进行。

如样品需做微生物检查，样品应在无菌条件下处理，这样才能保证微生物状况不发生变化。

7.9　试样的用量和储存

为全部测定准备足量的试样，应不少于 100 g，将之全部放入容器（5.7）中，立即良好密封。

保存试样应使样品的变化最小，应特别注意避免样品暴露在阳光下及受到温度的影响。

8　校正因子

8.1　通则

如果样品可能在研磨或混合样品的过程中失水或吸水，就有必要使用校正因子对分析结果进行校正以获得原样的水分含量。如使用了脂肪提取亦同理。

8.2　计算

用下式计算校正因子：

$$f = \frac{100\% - W_0}{100\% - W_1}$$

式中：

f——校正因子；

W_0——实验室样品水分的质量分数（按 1SO 6496 进行测定），%；

W_1——制备的试样的水分的质量分数（按 ISO 6496 进行测定），%。

8.3　结果的校正

将分析结果乘以校正因子。

附录A
（资料性附录）
分样装置举例

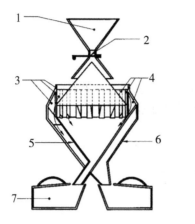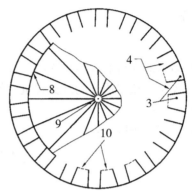

1——加料斗；2——截断阀门；3——通向外斗的槽；4——通向内斗的槽；5——内斗；6——外斗；7——容器；8——圆锥底；9——圆锥顶；10——与圆锥底相连的槽。

图 A.1　圆锥分样器

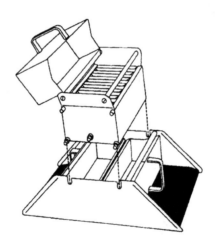

图 A.2　具备分类系统的复合槽分样器

参考文献

［1］GB/ T 14699.1—2005 饲料　采样（ISO 6497：2002，Animal feeding stuffs‐Sampling，IDT）

附件五　饲料和饲料添加剂管理条例

（1999 年 5 月 29 日中华人民共和国国务院令第 266 号发布　根据 2001 年 11 月 29 日
《国务院关于修改〈饲料和饲料添加剂管理条例〉的决定》第一次修订　2011 年
10 月 26 日国务院第 177 次常务会议修订通过　根据 2013 年 12 月 7 日《国务院
关于修改部分行政法规的决定》第二次修订　根据 2016 年 2 月 6 日《国务院关于
修改部分行政法规的决定》第三次修订　根据 2017 年 3 月 1 日《国务院关于修改
和废止部分行政法规的决定》第四次修订）

第一章　总则

第一条　为了加强对饲料、饲料添加剂的管理，提高饲料、饲料添加剂的质量，保障动物产品质量安全，维护公众健康，制定本条例。

第二条　本条例所称饲料，是指经工业化加工、制作的供动物食用的产品，包括单一饲料、添加剂预混合饲料、浓缩饲料、配合饲料和精料补充料。

本条例所称饲料添加剂，是指在饲料加工、制作、使用过程中添加的少量或者微量物质，包括营养性饲料添加剂和一般饲料添加剂。

饲料原料目录和饲料添加剂品种目录由国务院农业行政主管部门制定并公布。

第三条　国务院农业行政主管部门负责全国饲料、饲料添加剂的监督管理工作。

县级以上地方人民政府负责饲料、饲料添加剂管理的部门（以下简称饲料管理部门），负责本行政区域饲料、饲料添加剂的监督管理工作。

第四条　县级以上地方人民政府统一领导本行政区域饲料、饲料添加剂的监督管理工作，建立健全监督管理机制，保障监督管理工作的开展。

第五条　饲料、饲料添加剂生产企业、经营者应当建立健全质量安全制度，对其生产、经营的饲料、饲料添加剂的质量安全负责。

第六条　任何组织或者个人有权举报在饲料、饲料添加剂生产、经营、使用过程中违反本条例的行为，有权对饲料、饲料添加剂监督管理工作提出意见和建议。

第二章　审定和登记

第七条　国家鼓励研制新饲料、新饲料添加剂。

研制新饲料、新饲料添加剂，应当遵循科学、安全、有效、环保的原则，保证新饲料、新饲料添加剂的质量安全。

第八条　研制的新饲料、新饲料添加剂投入生产前，研制者或者生产企业应当向国务院农业行政主管部门提出审定申请，并提供该新饲料、新饲料添加剂的样品和下列资料：

（一）名称、主要成分、理化性质、研制方法、生产工艺、质量标准、检测方法、检验报告、稳定性试验报告、环境影响报告和污染防治措施；

（二）国务院农业行政主管部门指定的试验机构出具的该新饲料、新饲料添加剂的饲喂效果、残留消解动态以及毒理学安全性评价报告。

申请新饲料添加剂审定的，还应当说明该新饲料添加剂的添加目的、使用方法，并提供该饲料添加剂残留可能对人体健康造成影响的分析评价报告。

第九条　国务院农业行政主管部门应当自受理申请之日起 5 个工作日内，将新饲料、新饲料添加剂的样品和申请资料交全国饲料评审委员会，对该新饲料、新饲料添加剂的安全性、有效性及其对环境的影响进行评审。

全国饲料评审委员会由养殖、饲料加工、动物营养、毒理、药理、代谢、卫生、化工合成、生物技术、质量标准、环境保护、食品安全风险评估等方面的专家组成。全国饲料评审委员会对新饲料、新饲料添加剂的评审采取评审会议的形式，评审会议应当有 9 名以上全国饲料评审委员会专家参加，根据需要也可以邀请 1 至 2 名全国饲料评审委员会专家以外的专家参加，参加评审的专家对评审事项具有表决权。评审会议应当形成评审意见和会议纪要，并由参加评审的专家审核签字；有不同意见的，应当注明。参加评审的专家应当依法公平、公正履行职责，对评审资料保密，存在回避事由的，应当主动回避。

全国饲料评审委员会应当自收到新饲料、新饲料添加剂的样品和申请资料之日起 9 个月内出具评审结果并提交国务院农业行政主管部门；但是，全国饲料评审委员会决定由申请人进行相关试验的，经国务院农业行政主管部门同意，评审时间可以延长 3 个月。

国务院农业行政主管部门应当自收到评审结果之日起 10 个工作日内作出是否核发新饲料、新饲料添加剂证书的决定；决定不予核发的，应当书面通知申请人并说明理由。

第十条　国务院农业行政主管部门核发新饲料、新饲料添加剂证书，应当同时按照职责权限公布该新饲料、新饲料添加剂的产品质量标准。

第十一条　新饲料、新饲料添加剂的监测期为 5 年。新饲料、新饲料添加剂处于监测期的，不受理其他就该新饲料、新饲料添加剂的生产申请和进口登记申请，但超过 3 年不投入生产的除外。

生产企业应当收集处于监测期的新饲料、新饲料添加剂的质量稳定性及其对动物产品质量安全的影响等信息，并向国务院农业行政主管部门报告；国务院农业行政主管部门应当对新饲料、新饲料添加剂的质量安全状况组织跟踪监测，证实其存在安全问题的，应当撤销新饲料、新饲料添加剂证书并予以公告。

第十二条　向中国出口中国境内尚未使用但出口国已经批准生产和使用的饲料、饲料添加剂的，由出口方驻中国境内的办事机构或者其委托的中国境内代理机构向国务院农业行政主管部门申请登记，并提供该饲料、饲料添加剂的样品和下列资料：

（一）商标、标签和推广应用情况；

（二）生产地批准生产、使用的证明和生产地以外其他国家、地区的登记资料；

（三）主要成分、理化性质、研制方法、生产工艺、质量标准、检测方法、检验报告、稳定性试验报告、环境影响报告和污染防治措施；

（四）国务院农业行政主管部门指定的试验机构出具的该饲料、饲料添加剂的饲喂效果、残留消解动态以及毒理学安全性评价报告。

申请饲料添加剂进口登记的，还应当说明该饲料添加剂的添加目的、使用方法，并提供该饲料添加剂残留可能对人体健康造成影响的分析评价报告。

国务院农业行政主管部门应当依照本条例第九条规定的新饲料、新饲料添加剂的评审程序组织评审，并决定是否核发饲料、饲料添加剂进口登记证。

首次向中国出口中国境内已经使用且出口国已经批准生产和使用的饲料、饲料添加剂的，应当依照本条第一款、第二款的规定申请登记。国务院农业行政主管部门应当自受理申请之日起10个工作日内对申请资料进行审查；审查合格的，将样品交由指定的机构进行复核检测；复核检测合格的，国务院农业行政主管部门应当在10个工作日内核发饲料、饲料添加剂进口登记证。

饲料、饲料添加剂进口登记证有效期为5年。进口登记证有效期满需要继续向中国出口饲料、饲料添加剂的，应当在有效期届满6个月前申请续展。

禁止进口未取得饲料、饲料添加剂进口登记证的饲料、饲料添加剂。

第十三条 国家对已经取得新饲料、新饲料添加剂证书或者饲料、饲料添加剂进口登记证的、含有新化合物的饲料、饲料添加剂的申请人提交的其自己所取得且未披露的试验数据和其他数据实施保护。

自核发证书之日起6年内，对其他申请人未经已取得新饲料、新饲料添加剂证书或者饲料、饲料添加剂进口登记证的申请人同意，使用前款规定的数据申请新饲料、新饲料添加剂审定或者饲料、饲料添加剂进口登记的，国务院农业行政主管部门不予审定或者登记；但是，其他申请人提交其自己所取得的数据的除外。

除下列情形外，国务院农业行政主管部门不得披露本条第一款规定的数据：

（一）公共利益需要；

（二）已采取措施确保该类信息不会被不正当地进行商业使用。

第三章 生产、经营和使用

第十四条 设立饲料、饲料添加剂生产企业，应当符合饲料工业发展规划和产业政策，并具备下列条件：

（一）有与生产饲料、饲料添加剂相适应的厂房、设备和仓储设施；

（二）有与生产饲料、饲料添加剂相适应的专职技术人员；

（三）有必要的产品质量检验机构、人员、设施和质量管理制度；

（四）有符合国家规定的安全、卫生要求的生产环境；

（五）有符合国家环境保护要求的污染防治措施；

（六）国务院农业行政主管部门制定的饲料、饲料添加剂质量安全管理规范规定的其他条件。

第十五条 申请从事饲料、饲料添加剂生产的企业，申请人应当向省、自治区、直辖市人民政府饲料管理部门提出申请。省、自治区、直辖市人民政府饲料管理部门应当自受理申请之日起10个工作日内进行书面审查；审查合格的，组织进行现场审核，并根据审核结果在10个工作日内作出是否核发生产许可证的决定。

生产许可证有效期为5年。生产许可证有效期满需要继续生产饲料、饲料添加剂的，应当在有效期届满 6 个月前申请续展。

第十六条　饲料添加剂、添加剂预混合饲料生产企业取得生产许可证后，由省、自治区、直辖市人民政府饲料管理部门按照国务院农业行政主管部门的规定，核发相应的产品批准文号。

第十七条　饲料、饲料添加剂生产企业应当按照国务院农业行政主管部门的规定和有关标准，对采购的饲料原料、单一饲料、饲料添加剂、药物饲料添加剂、添加剂预混合饲料和用于饲料添加剂生产的原料进行查验或者检验。

饲料生产企业使用限制使用的饲料原料、单一饲料、饲料添加剂、药物饲料添加剂、添加剂预混合饲料生产饲料的，应当遵守国务院农业行政主管部门的限制性规定。禁止使用国务院农业行政主管部门公布的饲料原料目录、饲料添加剂品种目录和药物饲料添加剂品种目录以外的任何物质生产饲料。

饲料、饲料添加剂生产企业应当如实记录采购的饲料原料、单一饲料、饲料添加剂、药物饲料添加剂、添加剂预混合饲料和用于饲料添加剂生产的原料的名称、产地、数量、保质期、许可证明文件编号、质量检验信息、生产企业名称或者供货者名称及其联系方式、进货日期等。记录保存期限不得少于 2 年。

第十八条　饲料、饲料添加剂生产企业，应当按照产品质量标准以及国务院农业行政主管部门制定的饲料、饲料添加剂质量安全管理规范和饲料添加剂安全使用规范组织生产，对生产过程实施有效控制并实行生产记录和产品留样观察制度。

第十九条　饲料、饲料添加剂生产企业应当对生产的饲料、饲料添加剂进行产品质量检验；检验合格的，应当附具产品质量检验合格证。未经产品质量检验、检验不合格或者未附具产品质量检验合格证的，不得出厂销售。

饲料、饲料添加剂生产企业应当如实记录出厂销售的饲料、饲料添加剂的名称、数量、生产日期、生产批次、质量检验信息、购货者名称及其联系方式、销售日期等。记录保存期限不得少于 2 年。

第二十条　出厂销售的饲料、饲料添加剂应当包装，包装应当符合国家有关安全、卫生的规定。

饲料生产企业直接销售给养殖者的饲料可以使用罐装车运输。罐装车应当符合国家有关安全、卫生的规定，并随罐装车附具符合本条例第二十一条规定的标签。

易燃或者其他特殊的饲料、饲料添加剂的包装应当有警示标志或者说明，并注明储运注意事项。

第二十一条　饲料、饲料添加剂的包装上应当附具标签。标签应当以中文或者适用符号标明产品名称、原料组成、产品成分分析保证值、净重或者净含量、贮存条件、使用说明、注意事项、生产日期、保质期、生产企业名称以及地址、许可证明文件编号和产品质量标准等。加入药物饲料添加剂的，还应当标明"加入药物饲料添加剂"字样，并标明其通用名称、含量和休药期。乳和乳制品以外的动物源性饲料，还应当标明"本产品不得饲喂反刍动物"字样。

第二十二条　饲料、饲料添加剂经营者应当符合下列条件：

（一）有与经营饲料、饲料添加剂相适应的经营场所和仓储设施；

（二）有具备饲料、饲料添加剂使用、贮存等知识的技术人员；

（三）有必要的产品质量管理和安全管理制度。

第二十三条 饲料、饲料添加剂经营者进货时应当查验产品标签、产品质量检验合格证和相应的许可证明文件。

饲料、饲料添加剂经营者不得对饲料、饲料添加剂进行拆包、分装，不得对饲料、饲料添加剂进行再加工或者添加任何物质。

禁止经营用国务院农业行政主管部门公布的饲料原料目录、饲料添加剂品种目录和药物饲料添加剂品种目录以外的任何物质生产的饲料。

饲料、饲料添加剂经营者应当建立产品购销台账，如实记录购销产品的名称、许可证明文件编号、规格、数量、保质期、生产企业名称或者供货者名称及其联系方式、购销时间等。购销台账保存期限不得少于2年。

第二十四条 向中国出口的饲料、饲料添加剂应当包装，包装应当符合中国有关安全、卫生的规定，并附具符合本条例第二十一条规定的标签。

向中国出口的饲料、饲料添加剂应当符合中国有关检验检疫的要求，由出入境检验检疫机构依法实施检验检疫，并对其包装和标签进行核查。包装和标签不符合要求的，不得入境。

境外企业不得直接在中国销售饲料、饲料添加剂。境外企业在中国销售饲料、饲料添加剂的，应当依法在中国境内设立销售机构或者委托符合条件的中国境内代理机构销售。

第二十五条 养殖者应当按照产品使用说明和注意事项使用饲料。在饲料或者动物饮用水中添加饲料添加剂的，应当符合饲料添加剂使用说明和注意事项的要求，遵守国务院农业行政主管部门制定的饲料添加剂安全使用规范。

养殖者使用自行配制的饲料的，应当遵守国务院农业行政主管部门制定的自行配制饲料使用规范，并不得对外提供自行配制的饲料。

使用限制使用的物质养殖动物的，应当遵守国务院农业行政主管部门的限制性规定。禁止在饲料、动物饮用水中添加国务院农业行政主管部门公布禁用的物质以及对人体具有直接或者潜在危害的其他物质，或者直接使用上述物质养殖动物。禁止在反刍动物饲料中添加乳和乳制品以外的动物源性成分。

第二十六条 国务院农业行政主管部门和县级以上地方人民政府饲料管理部门应当加强饲料、饲料添加剂质量安全知识的宣传，提高养殖者的质量安全意识，指导养殖者安全、合理使用饲料、饲料添加剂。

第二十七条 饲料、饲料添加剂在使用过程中被证实对养殖动物、人体健康或者环境有害的，由国务院农业行政主管部门决定禁用并予以公布。

第二十八条 饲料、饲料添加剂生产企业发现其生产的饲料、饲料添加剂对养殖动物、人体健康有害或者存在其他安全隐患的，应当立即停止生产，通知经营者、使用者，向饲料管理部门报告，主动召回产品，并记录召回和通知情况。召回的产品应当在饲料管理部门监督下予以无害化处理或者销毁。

饲料、饲料添加剂经营者发现其销售的饲料、饲料添加剂具有前款规定情形的，应当立即停止销售，通知生产企业、供货者和使用者，向饲料管理部门报告，并记录通知情况。

养殖者发现其使用的饲料、饲料添加剂具有本条第一款规定情形的，应当立即停止使用，通知供货者，并向饲料管理部门报告。

第二十九条　禁止生产、经营、使用未取得新饲料、新饲料添加剂证书的新饲料、新饲料添加剂以及禁用的饲料、饲料添加剂。

禁止经营、使用无产品标签、无生产许可证、无产品质量标准、无产品质量检验合格证的饲料、饲料添加剂。禁止经营、使用无产品批准文号的饲料添加剂、添加剂预混合饲料。禁止经营、使用未取得饲料、饲料添加剂进口登记证的进口饲料、进口饲料添加剂。

第三十条　禁止对饲料、饲料添加剂作具有预防或者治疗动物疾病作用的说明或者宣传。但是，饲料中添加药物饲料添加剂的，可以对所添加的药物饲料添加剂的作用加以说明。

第三十一条　国务院农业行政主管部门和省、自治区、直辖市人民政府饲料管理部门应当按照职责权限对全国或者本行政区域饲料、饲料添加剂的质量安全状况进行监测，并根据监测情况发布饲料、饲料添加剂质量安全预警信息。

第三十二条　国务院农业行政主管部门和县级以上地方人民政府饲料管理部门，应当根据需要定期或者不定期组织实施饲料、饲料添加剂监督抽查；饲料、饲料添加剂监督抽查检测工作由国务院农业行政主管部门或者省、自治区、直辖市人民政府饲料管理部门指定的具有相应技术条件的机构承担。饲料、饲料添加剂监督抽查不得收费。

国务院农业行政主管部门和省、自治区、直辖市人民政府饲料管理部门应当按照职责权限公布监督抽查结果，并可以公布具有不良记录的饲料、饲料添加剂生产企业、经营者名单。

第三十三条　县级以上地方人民政府饲料管理部门应当建立饲料、饲料添加剂监督管理档案，记录日常监督检查、违法行为查处等情况。

第三十四条　国务院农业行政主管部门和县级以上地方人民政府饲料管理部门在监督检查中可以采取下列措施：

（一）对饲料、饲料添加剂生产、经营、使用场所实施现场检查；

（二）查阅、复制有关合同、票据、账簿和其他相关资料；

（三）查封、扣押有证据证明用于违法生产饲料的饲料原料、单一饲料、饲料添加剂、药物饲料添加剂、添加剂预混合饲料，用于违法生产饲料添加剂的原料，用于违法生产饲料、饲料添加剂的工具、设施，违法生产、经营、使用的饲料、饲料添加剂；

（四）查封违法生产、经营饲料、饲料添加剂的场所。

第四章　法律责任

第三十五条　国务院农业行政主管部门、县级以上地方人民政府饲料管理部门或者其他依照本条例规定行使监督管理权的部门及其工作人员，不履行本条例规定的职责或者滥用职权、玩忽职守、徇私舞弊的，对直接负责的主管人员和其他直接责任人员，依法给予处分；直接负责的主管人员和其他直接责任人员构成犯罪的，依法追究刑事责任。

第三十六条　提供虚假的资料、样品或者采取其他欺骗方式取得许可证明文件的，由发证机关撤销相关许可证明文件，处 5 万元以上 10 万元以下罚款，申请人 3 年内不得就同一事项申请行政许可。以欺骗方式取得许可证明文件给他人造成损失的，依法承担赔偿责任。

第三十七条　假冒、伪造或者买卖许可证明文件的，由国务院农业行政主管部门或者县级以上地方人民政府饲料管理部门按照职责权限收缴或者吊销、撤销相关许可证明文件；构成犯罪的，依法追究刑事责任。

第三十八条　未取得生产许可证生产饲料、饲料添加剂的，由县级以上地方人民政府饲料管理部门责令停止生产，没收违法所得、违法生产的产品和用于违法生产饲料的饲料原料、单一饲料、饲料添加剂、药物饲料添加剂、添加剂预混合饲料以及用于违法生产饲料添加剂的原料，违法生产的产品货值金额不足 1 万元的，并处 1 万元以上 5 万元以下罚款，货值金额 1 万元以上的，并处货值金额 5 倍以上 10 倍以下罚款；情节严重的，没收其生产设备，生产企业的主要负责人和直接负责的主管人员 10 年内不得从事饲料、饲料添加剂生产、经营活动。

已经取得生产许可证，但不再具备本条例第十四条规定的条件而继续生产饲料、饲料添加剂的，由县级以上地方人民政府饲料管理部门责令停止生产、限期改正，并处 1 万元以上 5 万元以下罚款；逾期不改正的，由发证机关吊销生产许可证。

已经取得生产许可证，但未取得产品批准文号而生产饲料添加剂、添加剂预混合饲料的，由县级以上地方人民政府饲料管理部门责令停止生产，没收违法所得、违法生产的产品和用于违法生产饲料的饲料原料、单一饲料、饲料添加剂、药物饲料添加剂以及用于违法生产饲料添加剂的原料，限期补办产品批准文号，并处违法生产的产品货值金额 1 倍以上 3 倍以下罚款；情节严重的，由发证机关吊销生产许可证。

第三十九条　饲料、饲料添加剂生产企业有下列行为之一的，由县级以上地方人民政府饲料管理部门责令改正，没收违法所得、违法生产的产品和用于违法生产饲料的饲料原料、单一饲料、饲料添加剂、药物饲料添加剂、添加剂预混合饲料以及用于违法生产饲料添加剂的原料，违法生产的产品货值金额不足 1 万元的，并处 1 万元以上 5 万元以下罚款，货值金额 1 万元以上的，并处货值金额 5 倍以上 10 倍以下罚款；情节严重的，由发证机关吊销、撤销相关许可证明文件，生产企业的主要负责人和直接负责的主管人员 10 年内不得从事饲料、饲料添加剂生产、经营活动；构成犯罪的，依法追究刑事责任：

（一）使用限制使用的饲料原料、单一饲料、饲料添加剂、药物饲料添加剂、添加剂预混合饲料生产饲料，不遵守国务院农业行政主管部门的限制性规定的；

（二）使用国务院农业行政主管部门公布的饲料原料目录、饲料添加剂品种目录和药物饲料添加剂品种目录以外的物质生产饲料的；

（三）生产未取得新饲料、新饲料添加剂证书的新饲料、新饲料添加剂或者禁用的饲料、饲料添加剂的。

第四十条　饲料、饲料添加剂生产企业有下列行为之一的，由县级以上地方人民政府饲料管理部门责令改正，处 1 万元以上 2 万元以下罚款；拒不改正的，没收违法所得、违法生产的产品和用于违法生产饲料的饲料原料、单一饲料、饲料添加剂、药物饲料添加剂、添加剂预混合饲料以及用于违法生产饲料添加剂的原料，并处 5 万元以上 10 万元以下罚款；情节严重的，责令停止生产，可以由发证机关吊销、撤销相关许可证明文件：

（一）不按照国务院农业行政主管部门的规定和有关标准对采购的饲料原料、单一饲料、饲料添加剂、药物饲料添加剂、添加剂预混合饲料和用于饲料添加剂生产的原料进行查验或者检验的；

（二）饲料、饲料添加剂生产过程中不遵守国务院农业行政主管部门制定的饲料、饲料添加剂质量安全管理规范和饲料添加剂安全使用规范的；

（三）生产的饲料、饲料添加剂未经产品质量检验的。

第四十一条　饲料、饲料添加剂生产企业不依照本条例规定实行采购、生产、销售记录制度或者产品留样观察制度的，由县级以上地方人民政府饲料管理部门责令改正，处 1 万元以上 2 万元以下罚款；拒不改正的，没收违法所得、违法生产的产品和用于违法生产饲料的饲料原料、单一饲料、饲料添加剂、药物饲料添加剂、添加剂预混合饲料以及用于违法生产饲料添加剂的原料，处 2 万元以上 5 万元以下罚款，并可以由发证机关吊销、撤销相关许可证明文件。

饲料、饲料添加剂生产企业销售的饲料、饲料添加剂未附具产品质量检验合格证或者包装、标签不符合规定的，由县级以上地方人民政府饲料管理部门责令改正；情节严重的，没收违法所得和违法销售的产品，可以处违法销售的产品货值金额 30% 以下罚款。

第四十二条　不符合本条例第二十二条规定的条件经营饲料、饲料添加剂的，由县级人民政府饲料管理部门责令限期改正；逾期不改正的，没收违法所得和违法经营的产品，违法经营的产品货值金额不足 1 万元的，并处 2 000 元以上 2 万元以下罚款，货值金额 1 万元以上的，并处货值金额 2 倍以上 5 倍以下罚款；情节严重的，责令停止经营，并通知工商行政管理部门，由工商行政管理部门吊销营业执照。

第四十三条　饲料、饲料添加剂经营者有下列行为之一的，由县级人民政府饲料管理部门责令改正，没收违法所得和违法经营的产品，违法经营的产品货值金额不足 1 万元的，并处 2 000 元以上 2 万元以下罚款，货值金额 1 万元以上的，并处货值金额 2 倍以上 5 倍以下罚款；情节严重的，责令停止经营，并通知工商行政管理部门，由工商行政管理部门吊销营业执照；构成犯罪的，依法追究刑事责任：

（一）对饲料、饲料添加剂进行再加工或者添加物质的；

（二）经营无产品标签、无生产许可证、无产品质量检验合格证的饲料、饲料添加剂的；

（三）经营无产品批准文号的饲料添加剂、添加剂预混合饲料的；

（四）经营用国务院农业行政主管部门公布的饲料原料目录、饲料添加剂品种目录和药物饲料添加剂品种目录以外的物质生产的饲料的；

（五）经营未取得新饲料、新饲料添加剂证书的新饲料、新饲料添加剂或者未取得饲料、饲料添加剂进口登记证的进口饲料、进口饲料添加剂以及禁用的饲料、饲料添加剂的。

第四十四条 饲料、饲料添加剂经营者有下列行为之一的，由县级人民政府饲料管理部门责令改正，没收违法所得和违法经营的产品，并处2 000元以上1万元以下罚款：

（一）对饲料、饲料添加剂进行拆包、分装的；

（二）不依照本条例规定实行产品购销台账制度的；

（三）经营的饲料、饲料添加剂失效、霉变或者超过保质期的。

第四十五条 对本条例第二十八条规定的饲料、饲料添加剂，生产企业不主动召回的，由县级以上地方人民政府饲料管理部门责令召回，并监督生产企业对召回的产品予以无害化处理或者销毁；情节严重的，没收违法所得，并处应召回的产品货值金额1倍以上3倍以下罚款，可以由发证机关吊销、撤销相关许可证明文件；生产企业对召回的产品不予以无害化处理或者销毁的，由县级人民政府饲料管理部门代为销毁，所需费用由生产企业承担。

对本条例第二十八条规定的饲料、饲料添加剂，经营者不停止销售的，由县级以上地方人民政府饲料管理部门责令停止销售；拒不停止销售的，没收违法所得，处1 000元以上5万元以下罚款；情节严重的，责令停止经营，并通知工商行政管理部门，由工商行政管理部门吊销营业执照。

第四十六条 饲料、饲料添加剂生产企业、经营者有下列行为之一的，由县级以上地方人民政府饲料管理部门责令停止生产、经营，没收违法所得和违法生产、经营的产品，违法生产、经营的产品货值金额不足1万元的，并处2 000元以上2万元以下罚款，货值金额1万元以上的，并处货值金额2倍以上5倍以下罚款；构成犯罪的，依法追究刑事责任：

（一）在生产、经营过程中，以非饲料、非饲料添加剂冒充饲料、饲料添加剂或者以此种饲料、饲料添加剂冒充他种饲料、饲料添加剂的；

（二）生产、经营无产品质量标准或者不符合产品质量标准的饲料、饲料添加剂的；

（三）生产、经营的饲料、饲料添加剂与标签标示的内容不一致的。

饲料、饲料添加剂生产企业有前款规定的行为，情节严重的，由发证机关吊销、撤销相关许可证明文件；饲料、饲料添加剂经营者有前款规定的行为，情节严重的，通知工商行政管理部门，由工商行政管理部门吊销营业执照。

第四十七条 养殖者有下列行为之一的，由县级人民政府饲料管理部门没收违法使用的产品和非法添加物质，对单位处1万元以上5万元以下罚款，对个人处5 000元以下罚款；构成犯罪的，依法追究刑事责任：

（一）使用未取得新饲料、新饲料添加剂证书的新饲料、新饲料添加剂或者未取得饲料、饲料添加剂进口登记证的进口饲料、进口饲料添加剂的；

（二）使用无产品标签、无生产许可证、无产品质量标准、无产品质量检验合格证的饲料、饲料添加剂的；

（三）使用无产品批准文号的饲料添加剂、添加剂预混合饲料的；

（四）在饲料或者动物饮用水中添加饲料添加剂，不遵守国务院农业行政主管部门

制定的饲料添加剂安全使用规范的;

（五）使用自行配制的饲料,不遵守国务院农业行政主管部门制定的自行配制饲料使用规范的;

（六）使用限制使用的物质养殖动物,不遵守国务院农业行政主管部门的限制性规定的;

（七）在反刍动物饲料中添加乳和乳制品以外的动物源性成分的。

在饲料或者动物饮用水中添加国务院农业行政主管部门公布禁用的物质以及对人体具有直接或者潜在危害的其他物质,或者直接使用上述物质养殖动物的,由县级以上地方人民政府饲料管理部门责令其对饲喂了违禁物质的动物进行无害化处理,处3万元以上10万元以下罚款;构成犯罪的,依法追究刑事责任。

第四十八条 养殖者对外提供自行配制的饲料的,由县级人民政府饲料管理部门责令改正,处2000元以上2万元以下罚款。

第五章 附则

第四十九条 本条例下列用语的含义:

（一）饲料原料,是指来源于动物、植物、微生物或者矿物质,用于加工制作饲料但不属于饲料添加剂的饲用物质。

（二）单一饲料,是指来源于一种动物、植物、微生物或者矿物质,用于饲料产品生产的饲料。

（三）添加剂预混合饲料,是指由两种（类）或者两种（类）以上营养性饲料添加剂为主,与载体或者稀释剂按照一定比例配制的饲料,包括复合预混合饲料、微量元素预混合饲料、维生素预混合饲料。

（四）浓缩饲料,是指主要由蛋白质、矿物质和饲料添加剂按照一定比例配制的饲料。

（五）配合饲料,是指根据养殖动物营养需要,将多种饲料原料和饲料添加剂按照一定比例配制的饲料。

（六）精料补充料,是指为补充草食动物的营养,将多种饲料原料和饲料添加剂按照一定比例配制的饲料。

（七）营养性饲料添加剂,是指为补充饲料营养成分而掺入饲料中的少量或者微量物质,包括饲料级氨基酸、维生素、矿物质微量元素、酶制剂、非蛋白氮等。

（八）一般饲料添加剂,是指为保证或者改善饲料品质、提高饲料利用率而掺入饲料中的少量或者微量物质。

（九）药物饲料添加剂,是指为预防、治疗动物疾病而掺入载体或者稀释剂的兽药的预混合物质。

（十）许可证明文件,是指新饲料、新饲料添加剂证书,饲料、饲料添加剂进口登记证,饲料、饲料添加剂生产许可证,饲料添加剂、添加剂预混合饲料产品批准文号。

第五十条 药物饲料添加剂的管理,依照《兽药管理条例》的规定执行。

第五十一条 本条例自2012年5月1日起施行。

附件六 饲料和饲料添加剂生产许可管理办法

（2012 年 5 月 2 日农业部令 2012 年第 3 号公布，2013 年
12 月 31 日农业部令 2013 年第 5 号、2016 年 5 月 30 日
农业部令 2016 年第 3 号、2017 年 11 月 30 日农业部令
2017 年第 8 号、2022 年 1 月 7 日农业
农村部令 2022 年第 1 号修订）

第一章 总 则

第一条 为加强饲料、饲料添加剂生产许可管理，维护饲料、饲料添加剂生产秩序，保障饲料、饲料添加剂质量安全，根据《饲料和饲料添加剂管理条例》，制定本办法。

第二条 在中华人民共和国境内生产饲料、饲料添加剂，应当遵守本办法。

第三条 饲料和饲料添加剂生产许可证由省级人民政府饲料管理部门（以下简称省级饲料管理部门）核发。

省级饲料管理部门可以委托下级饲料管理部门承担单一饲料、浓缩饲料、配合饲料和精料补充料生产许可申请的受理工作。

第四条 农业农村部设立饲料和饲料添加剂生产许可专家委员会，负责饲料和饲料添加剂生产许可的技术支持工作，省级饲料管理部门设立饲料和饲料添加剂生产许可证专家审核委员会，负责本行政区域内饲料和饲料添加剂生产许可的技术评审工作。

第五条 任何单位和个人有权举报生产许可过程中的违法行为，农业农村部和省级饲料管理部门应当依照权限核实、处理。

第二章 生产许可证核发

第六条 设立饲料、饲料添加剂生产企业，应当符合饲料工业发展规划和产业政策，并具备下列条件：

（一）有与生产饲料、饲料添加剂相适应的厂房、设备和仓储设施；

（二）有与生产饲料、饲料添加剂相适应的专职技术人员；

（三）有必要的产品质量检验机构、人员、设施和质量管理制度；

（四）有符合国家规定的安全、卫生要求的生产环境；

（五）有符合国家环境保护要求的污染防治措施；

（六）农业农村部制定的饲料、饲料添加剂质量安全管理规范规定的其他条件。

第七条 申请从事饲料、饲料添加剂生产的企业，申请人应当向生产地省级饲料管理部门提出申请。省级饲料管理部门应当自受理申请之日起 10 个工作日内进行书面审查；审查合格的，组织进行现场审核，并根据审核结果在 10 个工作日内作出是否核发生产许可证的决定。

生产许可证式样由农业农村部统一规定。

第八条　取得饲料添加剂生产许可证的企业，应当向省级饲料管理部门申请核发产品批准文号。

第九条　饲料、饲料添加剂生产企业委托其他饲料、饲料添加剂企业生产的，应当具备下列条件，并向各自所在地省级饲料管理部门备案：

（一）委托产品在双方生产许可范围内；委托生产饲料添加剂的，双方还应当取得委托产品的产品批准文号；

（二）签订委托合同，依法明确双方在委托产品生产技术、质量控制等方面的权利和义务。

受托方应当按照饲料、饲料添加剂质量安全管理规范和饲料添加剂安全使用规范及产品标准组织生产，委托方应当对生产全过程进行指导和监督。委托方和受托方对委托生产的饲料、饲料添加剂质量安全承担连带责任。

委托生产的产品标签应当同时标明委托企业和受托企业的名称、注册地址、许可证编号；委托生产饲料添加剂的，还应当标明受托方取得的生产该产品的批准文号。

第十条　生产许可证有效期为 5 年。

生产许可证有效期满需继续生产的，应当在有效期届满 6 个月前向省级饲料管理部门提出续展申请，并提交相关材料。

第三章　生产许可证变更和补发

第十一条　饲料、饲料添加剂生产企业有下列情形之一的，应当按照企业设立程序重新办理生产许可证：

（一）增加、更换生产线的；
（二）增加单一饲料、饲料添加剂产品品种的；
（三）生产场所迁址的；
（四）农业农村部规定的其他情形。

第十二条　饲料、饲料添加剂生产企业有下列情形之一的，应当在 15 日内向企业所在地省级饲料管理部门提出变更申请并提交相关证明，由发证机关依法办理变更手续，变更后的生产许可证证号、有效期不变：

（一）企业名称变更；
（二）企业法定代表人变更；
（三）企业注册地址或注册地址名称变更；
（四）生产地址名称变更。

第十三条　生产许可证遗失或损毁的，应当在 15 日内向发证机关申请补发，由发证机关补发生产许可证。

第四章　监督管理

第十四条　饲料、饲料添加剂生产企业应当按照许可条件组织生产。生产条件发生变化，可能影响产品质量安全的，企业应当经所在地县级人民政府饲料管理部门报告发证机关。

第十五条 县级以上人民政府饲料管理部门应当加强对饲料、饲料添加剂生产企业的监督检查，依法查处违法行为，并建立饲料、饲料添加剂监督管理档案，记录日常监督检查、违法行为查处等情况。

第十六条 饲料、饲料添加剂生产企业有下列情形之一的，由发证机关注销生产许可证：

（一）生产许可证依法被撤销、撤回或依法被吊销的；

（二）生产许可证有效期届满未按规定续展的；

（三）企业停产一年以上或依法终止的；

（四）企业申请注销的；

（五）依法应当注销的其他情形。

第五章　罚　则

第十七条 县级以上人民政府饲料管理部门工作人员，不履行本办法规定的职责或者滥用职权、玩忽职守、徇私舞弊的，依法给予处分；构成犯罪的，依法追究刑事责任。

第十八条 申请人隐瞒有关情况或者提供虚假材料申请生产许可的，饲料管理部门不予受理或者不予许可，并给予警告；申请人在 1 年内不得再次申请生产许可。

第十九条 以欺骗、贿赂等不正当手段取得生产许可证的，由发证机关撤销生产许可证，申请人在 3 年内不得再次申请生产许可；以欺骗方式取得生产许可证的，并处 5 万元以上 10 万元以下罚款；涉嫌犯罪的，及时将案件移送司法机关，依法追究刑事责任。

第二十条 饲料、饲料添加剂生产企业有下列情形之一的，依照《饲料和饲料添加剂管理条例》第三十八条处罚：

（一）超出许可范围生产饲料、饲料添加剂的；

（二）生产许可证有效期届满后，未依法续展继续生产饲料、饲料添加剂的。

第二十一条 饲料、饲料添加剂生产企业采购单一饲料、饲料添加剂、药物饲料添加剂、添加剂预混合饲料，未查验相关许可证明文件的，依照《饲料和饲料添加剂管理条例》第四十条处罚。

第二十二条 其他违反本办法的行为，依照《饲料和饲料添加剂管理条例》的有关规定处罚。

第六章　附　则

第二十三条 本办法所称添加剂预混合饲料，包括复合预混合饲料、微量元素预混合饲料、维生素预混合饲料。

复合预混合饲料，是指以矿物质微量元素、维生素、氨基酸中任何两类或两类以上的营养性饲料添加剂为主，与其他饲料添加剂、载体和（或）稀释剂按一定比例配制的均匀混合物，其中营养性饲料添加剂的含量能够满足其适用动物特定生理阶段的基本营养需求，在配合饲料、精料补充料或动物饮用水中的添加量不低于 0.1% 且不高于 10%。

微量元素预混合饲料，是指两种或两种以上矿物质微量元素与载体和（或）稀释剂按一定比例配制的均匀混合物，其中矿物质微量元素含量能够满足其适用动物特定生理阶段的微量元素需求，在配合饲料、精料补充料或动物饮用水中的添加量不低于 0.1% 且不高于 10%。

维生素预混合饲料，是指两种或两种以上维生素与载体和（或）稀释剂按一定比例配制的均匀混合物，其中维生素含量应当满足其适用动物特定生理阶段的维生素需求，在配合饲料、精料补充料或动物饮用水中的添加量不低于 0.01% 且不高于 10%。

第二十四条　本办法自 2012 年 7 月 1 日起施行。农业部 1999 年 12 月 9 日发布的《饲料添加剂和添加剂预混合饲料生产许可证管理办法》、2004 年 7 月 14 日发布的《动物源性饲料产品安全卫生管理办法》、2006 年 11 月 24 日发布的《饲料生产企业审查办法》同时废止。

本办法施行前已取得饲料生产企业审查合格证、动物源性饲料产品生产企业安全卫生合格证的饲料生产企业，应当在 2014 年 7 月 1 日前依照本办法规定取得生产许可证。

附件七 新饲料和新饲料添加剂管理办法

(2012 年 5 月 2 日农业部令 2012 年第 4 号公布，2016 年 5 月 30 日
农业部令 2016 年第 3 号、2022 年 1 月 7 日农业农村部令 2022 年第 1 号修订)

第一条 为加强新饲料、新饲料添加剂管理，保障养殖动物产品质量安全，根据《饲料和饲料添加剂管理条例》，制定本办法。

第二条 本办法所称新饲料，是指我国境内新研制开发的尚未批准使用的单一饲料。

本办法所称新饲料添加剂，是指我国境内新研制开发的尚未批准使用的饲料添加剂。

第三条 有下列情形之一的，应当向农业农村部提出申请，参照本办法规定的新饲料、新饲料添加剂审定程序进行评审，评审通过的，由农业农村部公告作为饲料、饲料添加剂生产和使用，但不发给新饲料、新饲料添加剂证书：

(一) 饲料添加剂扩大适用范围的；

(二) 饲料添加剂含量规格低于饲料添加剂安全使用规范要求的，但由饲料添加剂与载体或者稀释剂按照一定比例配制的除外；

(三) 饲料添加剂生产工艺发生重大变化的；

(四) 新饲料、新饲料添加剂自获证之日起超过 3 年未投入生产，其他企业申请生产的；

(五) 农业农村部规定的其他情形。

第四条 研制新饲料、新饲料添加剂，应当遵循科学、安全、有效、环保的原则，保证新饲料、新饲料添加剂的质量安全。

第五条 农业农村部负责新饲料、新饲料添加剂审定。

全国饲料评审委员会（以下简称评审委）组织对新饲料、新饲料添加剂的安全性、有效性及其对环境的影响进行评审。

第六条 新饲料、新饲料添加剂投入生产前，研制者或者生产企业（以下简称申请人）应当向农业农村部提出审定申请，并提交新饲料、新饲料添加剂的申请资料和样品。

第七条 申请资料包括：

(一) 新饲料、新饲料添加剂审定申请表；

(二) 产品名称及命名依据、产品研制目的；

(三) 有效组分、理化性质及有效组分化学结构的鉴定报告，或者动物、植物、微生物的分类（菌种）鉴定报告；微生物发酵制品还应当提供生产所用菌株的菌种鉴定报告；

(四) 适用范围、使用方法、在配合饲料或全混合日粮中的推荐用量，必要时提供最高限量值；

(五) 生产工艺、制造方法及产品稳定性试验报告；

（六）质量标准草案及其编制说明和产品检测报告；有最高限量要求的，还应提供有效组分在配合饲料、浓缩饲料、精料补充料、添加剂预混合饲料中的检测方法；

（七）农业农村部指定的试验机构出具的产品有效性评价试验报告、安全性评价试验报告（包括靶动物耐受性评价报告、毒理学安全评价报告、代谢和残留评价报告等）；申请新饲料添加剂审定的，还应当提供该新饲料添加剂在养殖产品中的残留可能对人体健康造成影响的分析评价报告；

（八）标签式样、包装要求、贮存条件、保质期和注意事项；

（九）中试生产总结和"三废"处理报告；

（十）对他人的专利不构成侵权的声明。

第八条　产品样品应当符合以下要求：

（一）来自中试或工业化生产线；

（二）每个产品提供连续3个批次的样品，每个批次4份样品，每份样品不少于检测需要量的5倍；

（三）必要时提供相关的标准品或化学对照品。

第九条　有效性评价试验机构和安全性评价试验机构应当按照农业农村部制定的技术指导文件或行业公认的技术标准，科学、客观、公正开展试验，不得与研制者、生产企业存在利害关系。

承担试验的专家不得参与该新饲料、新饲料添加剂的评审工作。

第十条　农业农村部自受理申请之日起5个工作日内，将申请资料和样品交评审委进行评审。

第十一条　新饲料、新饲料添加剂的评审采取评审会议的形式。评审会议应当有9名以上评审委专家参加，根据需要也可以邀请1至2名评审委专家以外的专家参加。参加评审的专家对评审事项具有表决权。

评审会议应当形成评审意见和会议纪要，并由参加评审的专家审核签字；有不同意见的，应当注明。

第十二条　参加评审的专家应当依法履行职责，科学、客观、公正提出评审意见。

评审专家与研制者、生产企业有利害关系的，应当回避。

第十三条　评审会议原则通过的，由评审委将样品交农业农村部指定的饲料质量检验机构进行质量复核。质量复核机构应当自收到样品之日起3个月内完成质量复核，并将质量复核报告和复核意见报评审委，同时送达申请人。需用特殊方法检测的，质量复核时间可以延长1个月。

质量复核包括标准复核和样品检测，有最高限量要求的，还应当对申报产品有效组分在饲料产品中的检测方法进行验证。

申请人对质量复核结果有异议的，可以在收到质量复核报告后15个工作日内申请复检。

第十四条　评审过程中，农业农村部可以组织对申请人的试验或生产条件进行现场核查，或者对试验数据进行核查或验证。

第十五条　评审委应当自收到新饲料、新饲料添加剂申请资料和样品之日起9个月内向农业农村部提交评审结果；但是，评审委决定由申请人进行相关试验的，经农业农村部同意，评审时间可以延长 3 个月。

第十六条 农业农村部自收到评审结果之日起 10 个工作日内作出是否核发新饲料、新饲料添加剂证书的决定。

决定核发新饲料、新饲料添加剂证书的，由农业农村部予以公告，同时发布该产品的质量标准。新饲料、新饲料添加剂投入生产后，按照公告中的质量标准进行监测和监督抽查。

决定不予核发的，书面通知申请人并说明理由。

第十七条 新饲料、新饲料添加剂在生产前，生产者应当按照农业农村部有关规定取得生产许可证。生产新饲料添加剂的，还应当取得相应的产品批准文号。

第十八条 新饲料、新饲料添加剂的监测期为 5 年，自新饲料、新饲料添加剂证书核发之日起计算。

监测期内不受理其他就该新饲料、新饲料添加剂提出的生产申请和进口登记申请，但该新饲料、新饲料添加剂超过 3 年未投入生产的除外。

第十九条 新饲料、新饲料添加剂生产企业应当收集处于监测期内的产品质量、靶动物安全和养殖动物产品质量安全等相关信息，并向农业农村部报告。

农业农村部对新饲料、新饲料添加剂的质量安全状况组织跟踪监测，必要时进行再评价，证实其存在安全问题的，撤销新饲料、新饲料添加剂证书并予以公告。

第二十条 从事新饲料、新饲料添加剂审定工作的相关单位和人员，应当对申请人提交的需要保密的技术资料保密。

第二十一条 从事新饲料、新饲料添加剂审定工作的相关人员，不履行本办法规定的职责或者滥用职权、玩忽职守、徇私舞弊的，依法给予处分；构成犯罪的，依法追究刑事责任。

第二十二条 申请人隐瞒有关情况或者提供虚假材料申请新饲料、新饲料添加剂审定的，农业农村部不予受理或者不予许可，并给予警告；申请人在 1 年内不得再次申请新饲料、新饲料添加剂审定。

以欺骗、贿赂等不正当手段取得新饲料、新饲料添加剂证书的，由农业农村部撤销新饲料、新饲料添加剂证书，申请人在 3 年内不得再次申请新饲料、新饲料添加剂审定；以欺骗方式取得新饲料、新饲料添加剂证书的，并处 5 万元以上 10 万元以下罚款；涉嫌犯罪的，及时将案件移送司法机关，依法追究刑事责任。

第二十三条 其他违反本办法规定的，依照《饲料和饲料添加剂管理条例》的有关规定进行处罚。

第二十四条 本办法自 2012 年 7 月 1 日起施行。农业部 2000 年 8 月 17 日发布的《新饲料和新饲料添加剂管理办法》同时废止。

附件八　饲料添加剂和添加剂预混合饲料
产品批准文号管理办法

（中华人民共和国农业部令 2012 年第 5 号，2012 年 5 月 2 日）

第一条　为加强饲料添加剂和添加剂预混合饲料产品批准文号管理，根据《饲料和饲料添加剂管理条例》，制定本办法。

第二条　本办法所称饲料添加剂，是指在饲料加工、制作、使用过程中添加的少量或者微量物质，包括营养性饲料添加剂和一般饲料添加剂。

本办法所称添加剂预混合饲料，是指由两种（类）或者两种（类）以上营养性饲料添加剂为主，与载体或者稀释剂按照一定比例配制的饲料，包括复合预混合饲料、微量元素预混合饲料、维生素预混合饲料。

第三条　在中华人民共和国境内生产的饲料添加剂、添加剂预混合饲料产品，在生产前应当取得相应的产品批准文号。

第四条　饲料添加剂、添加剂预混合饲料生产企业为其他饲料、饲料添加剂生产企业生产定制产品的，定制产品可以不办理产品批准文号。

定制产品应当附具符合《饲料和饲料添加剂管理条例》第二十一条规定的标签，并标明"定制产品"字样和定制企业的名称、地址及其生产许可证编号。

定制产品仅限于定制企业自用，生产企业和定制企业不得将定制产品提供给其他饲料、饲料添加剂生产企业、经营者和养殖者。

第五条　饲料添加剂、添加剂预混合饲料生产企业应当向省级人民政府饲料管理部门（以下简称省级饲料管理部门）提出产品批准文号申请，并提交以下资料：

（一）产品批准文号申请表；

（二）生产许可证复印件；

（三）产品配方、产品质量标准和检测方法；

（四）产品标签样式和使用说明；

（五）涵盖产品主成分指标的产品自检报告；

（六）申请饲料添加剂产品批准文号的，还应当提供省级饲料管理部门指定的饲料检验机构出具的产品主成分指标检测方法验证结论，但产品有国家或行业标准的除外；

（七）申请新饲料添加剂产品批准文号的，还应当提供农业部核发的新饲料添加剂证书复印件。

第六条　省级饲料管理部门应当自受理申请之日起 10 个工作日内对申请资料进行审查，必要时可以进行现场核查。审查合格的，通知企业将产品样品送交指定的饲料质量检验机构进行复核检测，并根据复核检测结果在 10 个工作日内决定是否核发产品批准文号。

产品复核检测应当涵盖产品质量标准规定的产品主成分指标和卫生指标。

第七条　企业同时申请多个产品批准文号的，提交复核检测的样品应当符合下列要求：

（一）申请饲料添加剂产品批准文号的，每个产品均应当提交样品；

（二）申请添加剂预混合饲料产品批准文号的，同一产品类别中，相同适用动物品种和添加比例的不同产品，只需提交一个产品的样品。

第八条 省级饲料管理部门和饲料质量检验机构的工作人员应当对申请者提供的需要保密的技术资料保密。

第九条 饲料添加剂产品批准文号格式为：

×饲添字（××××）××××××

添加剂预混合饲料产品批准文号格式为：

×饲预字（××××）××××××

×：核发产品批准文号省、自治区、直辖市的简称

（××××）：年份

××××××：前三位表示本辖区企业的固定编号，后三位表示该产品获得的产品批准文号序号。

第十条 饲料添加剂、添加剂预混合饲料产品质量复核检测收费，按照国家有关规定执行。

第十一条 有下列情形之一的，应当重新办理产品批准文号：

（一）产品主成分指标改变的；

（二）产品名称改变的。

第十二条 禁止假冒、伪造、买卖产品批准文号。

第十三条 饲料管理部门工作人员不履行本办法规定的职责或者滥用职权、玩忽职守、徇私舞弊的，依法给予处分；构成犯罪的，依法追究刑事责任。

第十四条 申请人隐瞒有关情况或者提供虚假材料申请产品批准文号的，省级饲料管理部门不予受理或者不予许可，并给予警告；申请人在 1 年内不得再次申请产品批准文号。

以欺骗、贿赂等不正当手段取得产品批准文号的，由发证机关撤销产品批准文号，申请人在 3 年内不得再次申请产品批准文号；以欺骗方式取得产品批准文号的，并处 5 万元以上 10 万元以下罚款；构成犯罪的，依法移送司法机关追究刑事责任。

第十五条 假冒、伪造、买卖产品批准文号的，依照《饲料和饲料添加剂管理条例》第三十七条、第三十八条处罚。

第十六条 有下列情形之一的，由省级饲料管理部门注销其产品批准文号并予以公告：

（一）企业的生产许可证被吊销、撤销、撤回、注销的；

（二）新饲料添加剂产品证书被撤销的。

第十七条 饲料添加剂、添加剂预混合饲料生产企业违反本办法规定，向定制企业以外的其他饲料、饲料添加剂生产企业、经营者或养殖者销售定制产品的，依照《饲料和饲料添加剂管理条例》第三十八条处罚。

定制企业违反本办法规定，向其他饲料、饲料添加剂生产企业、经营者和养殖者销售定制产品的，依照《饲料和饲料添加剂管理条例》第四十三条处罚。

第十八条 其他违反本办法的行为，依照《饲料和饲料添加剂管理条例》的有关规定处罚。

第十九条 本办法所称添加剂预混合饲料，包括复合预混合饲料、微量元素预混合饲料、维生素预混合饲料。

复合预混合饲料，是指以矿物质微量元素、维生素、氨基酸中任何两类或两类以上的营养性饲料添加剂为主，与其他饲料添加剂、载体和（或）稀释剂按一定比例配制的均匀混合物，其中营养性饲料添加剂的含量能够满足其适用动物特定生理阶段的基本营养需求，在配合饲料、精料补充料或动物饮用水中的添加量不低于0.1%且不高于10%。

微量元素预混合饲料，是指两种或两种以上矿物质微量元素与载体和（或）稀释剂按一定比例配制的均匀混合物，其中矿物质微量元素含量能够满足其适用动物特定生理阶段的微量元素需求，在配合饲料、精料补充料或动物饮用水中的添加量不低于0.1%且不高于10%。

维生素预混合饲料，是指两种或两种以上维生素与载体和（或）稀释剂按一定比例配制的均匀混合物，其中维生素含量应当满足其适用动物特定生理阶段的维生素需求，在配合饲料、精料补充料或动物饮用水中的添加量不低于0.01%且不高于10%。

第二十条 本办法自2012年7月1日起施行。农业部1999年12月14日发布的《饲料添加剂和添加剂预混合饲料产品批准文号管理办法》同时废止。

附件九　饲料添加剂安全使用规范

（中华人民共和国农业部公告　第 2625 号，2017 年 12 月 15 日）

为切实加强饲料添加剂管理，保障饲料和饲料添加剂产品质量安全，促进饲料工业和养殖业持续健康发展，根据《饲料和饲料添加剂管理条例》有关规定，我部对《饲料添加剂安全使用规范》（以下简称《规范》）进行了修订。现将有关事项公告如下。

一、各省、自治区、直辖市人民政府饲料管理部门实施饲料添加剂（混合型饲料添加剂除外）生产许可应遵守本《规范》规定，不得核发含量规格低于本《规范》或者生产工艺与本《规范》不一致的饲料添加剂生产许可证明文件。

二、饲料企业和养殖者使用饲料添加剂产品时，应严格遵守"在配合饲料或全混合日粮中的最高限量"规定，不得超量使用饲料添加剂；在实现满足动物营养需要、改善饲料品质等预期目标的前提下，应采取积极措施减少饲料添加剂的用量。

三、饲料企业和养殖者使用《饲料添加剂品种目录》中铁、铜、锌、锰、碘、钴、硒、铬等微量元素饲料添加剂时，含同种元素的饲料添加剂使用总量应遵守本《规范》中相应元素"在配合饲料或全混合日粮中的最高限量"规定。

四、仔猪（≤25 kg）配合饲料中锌元素的最高限量为 110 mg/kg，但在仔猪断奶后前两周特定阶段，允许在此基础上使用氧化锌或碱式氯化锌至 1600 mg/kg（以锌元素计）。饲料企业生产仔猪断奶后前两周特定阶段配合饲料产品时，如在含锌 110 mg/kg 基础上使用氧化锌或碱式氯化锌，应在标签显著位置标明"本品仅限仔猪断奶后前两周使用"，未标明但实际含量超过 110 mg/kg 或者已标明但实际含量超过 1600 mg/kg 的，按照超量使用饲料添加剂处理。

五、饲料企业和养殖者使用非蛋白氮类饲料添加剂，除应遵守本《规范》对单一品种的最高限量规定外，全混合日粮中所有非蛋白氮总量折算成粗蛋白当量不得超过日粮粗蛋白总量的 30%。

六、如无特殊说明，本《规范》"在配合饲料或全混合日粮中的推荐添加量""在配合饲料或全混合日粮中的最高限量"均以干物质含量 88% 为基础计算，最高限量均包含饲料原料本底值。

七、如无特殊说明，添加剂预混合饲料、浓缩饲料、精料补充料产品中的"推荐添加量""最高限量"按其在配合饲料或全混合日粮中的使用比例折算。

八、本公告自 2018 年 7 月 1 日起施行。2009 年 6 月 18 日发布的《饲料添加剂安全使用规范》（农业部公告第 1224 号）同时废止。

特此公告。

附件十　饲料质量安全管理规范

（中华人民共和国农业部令　2014 年第 1 号，2014 年 1 月 13 日）

第一章　总　　则

第一条　为规范饲料企业生产行为，保障饲料产品质量安全，根据《饲料和饲料添加剂管理条例》，制定本规范。

第二条　本规范适用于添加剂预混合饲料、浓缩饲料、配合饲料和精料补充料生产企业（以下简称企业）。

第三条　企业应当按照本规范的要求组织生产，实现从原料采购到产品销售的全程质量安全控制。

第四条　企业应当及时收集、整理、记录本规范执行情况和生产经营状况，认真履行年度备案和饲料统计义务。

有委托生产行为的，委托方和受托方应当分别向所在地省级人民政府饲料管理部门备案。

第五条　县级以上人民政府饲料管理部门应当制定年度监督检查计划，对企业实施本规范的情况进行监督检查。

第二章　原料采购与管理

第六条　企业应当加强对饲料原料、单一饲料、饲料添加剂、药物饲料添加剂、添加剂预混合饲料和浓缩饲料（以下简称原料）的采购管理，全面评估原料生产企业和经销商（以下简称供应商）的资质和产品质量保障能力，建立供应商评价和再评价制度，编制合格供应商名录，填写并保存供应商评价记录：

（一）供应商评价和再评价制度应当规定供应商评价及再评价流程、评价内容、评价标准、评价记录等内容；

（二）从原料生产企业采购的，供应商评价记录应当包括生产企业名称及生产地址、联系方式、许可证明文件编号（评价单一饲料、饲料添加剂、药物饲料添加剂、添加剂预混合饲料、浓缩饲料生产企业时填写）、原料通用名称及商品名称、评价内容、评价结论、评价日期、评价人等信息；

（三）从原料经销商采购的，供应商评价记录应当包括经销商名称及注册地址、联系方式、营业执照注册号、原料通用名称及商品名称、评价内容、评价结论、评价日期、评价人等信息；

（四）合格供应商名录应当包括供应商的名称、原料通用名称及商品名称、许可证明文件编号（供应商为单一饲料、饲料添加剂、药物饲料添加剂、添加剂预混合饲料、浓缩饲料生产企业时填写）、评价日期等信息。

企业统一采购原料供分支机构使用的，分支机构应当复制、保存前款规定的合格供应商名录和供应商评价记录。

第七条　企业应当建立原料采购验收制度和原料验收标准，逐批对采购的原料进行查验或者检验：

（一）原料采购验收制度应当规定采购验收流程、查验要求、检验要求、原料验收标准、不合格原料处置、查验记录等内容；

（二）原料验收标准应当规定原料的通用名称、主成分指标验收值、卫生指标验收值等内容，卫生指标验收值应当符合有关法律法规和国家、行业标准的规定；

（三）企业采购实施行政许可的国产单一饲料、饲料添加剂、药物饲料添加剂、添加剂预混合饲料、浓缩饲料的，应当逐批查验许可证明文件编号和产品质量检验合格证，填写并保存查验记录；查验记录应当包括原料通用名称、生产企业、生产日期、查验内容、查验结果、查验人等信息；无许可证明文件编号和产品质量检验合格证的，或者经查验许可证明文件编号不实的，不得接收、使用；

（四）企业采购实施登记或者注册管理的进口单一饲料、饲料添加剂、药物饲料添加剂、添加剂预混合饲料、浓缩饲料的，应当逐批查验进口许可证明文件编号，填写并保存查验记录；查验记录应当包括原料通用名称、生产企业、生产日期、查验内容、查验结果、查验人等信息；无进口许可证明文件编号的，或者经查验进口许可证明文件编号不实的，不得接收、使用；

（五）企业采购不需行政许可的原料的，应当依据原料验收标准逐批查验供应商提供的该批原料的质量检验报告；无质量检验报告的，企业应当逐批对原料的主成分指标进行自行检验或者委托检验；不符合原料验收标准的，不得接收、使用；原料质量检验报告、自行检验结果、委托检验报告应当归档保存；

（六）企业应当每3个月至少选择5种原料，自行或者委托有资质的机构对其主要卫生指标进行检测，根据检测结果进行原料安全性评价，保存检测结果和评价报告；委托检测的，应当索取并保存受委托检测机构的计量认证或者实验室认可证书及附表复印件。

第八条　企业应当填写并保存原料进货台账，进货台账应当包括原料通用名称及商品名称、生产企业或者供货者名称、联系方式、产地、数量、生产日期、保质期、查验或者检验信息、进货日期、经办人等信息。

进货台账保存期限不得少于2年。

第九条　企业应当建立原料仓储管理制度，填写并保存出入库记录：

（一）原料仓储管理制度应当规定库位规划、堆放方式、垛位标识、库房盘点、环境要求、虫鼠防范、库房安全、出入库记录等内容；

（二）出入库记录应当包括原料名称、包装规格、生产日期、供应商简称或者代码、入库数量和日期、出库数量和日期、库存数量、保管人等信息。

第十条　企业应当按照"一垛一卡"的原则对原料实施垛位标识卡管理，垛位标识卡应当标明原料名称、供应商简称或者代码、垛位总量、已用数量、检验状态等信息。

第十一条　企业应当对维生素、微生物和酶制剂等热敏物质的贮存温度进行监控，填写并保存温度监控记录。监控记录应当包括设定温度、实际温度、监控时间、记录人等信息。

监控中发现实际温度超出设定温度范围的，应当采取有效措施及时处置。

第十二条　按危险化学品管理的亚硒酸钠等饲料添加剂的贮存间或者贮存柜应当设立清晰的警示标识，采用双人双锁管理。

第十三条　企业应当根据原料种类、库存时间、保质期、气候变化等因素建立长期库存原料质量监控制度，填写并保存监控记录：

（一）质量监控制度应当规定监控方式、监控内容、监控频次、异常情况界定、处置方式、处置权限、监控记录等内容；

（二）监控记录应当包括原料名称、监控内容、异常情况描述、处置方式、处置结果、监控日期、监控人等信息。

第三章　生产过程控制

第十四条　企业应当制定工艺设计文件，设定生产工艺参数。

工艺设计文件应当包括生产工艺流程图、工艺说明和生产设备清单等内容。

生产工艺应当至少设定以下参数：粉碎工艺设定筛片孔径，混合工艺设定混合时间，制粒工艺设定调质温度、蒸汽压力、环模规格、环模长径比、分级筛筛网孔径，膨化工艺设定调质温度、模板孔径。

第十五条　企业应当根据实际工艺流程，制定以下主要作业岗位操作规程：

（一）小料（指生产过程中，将微量添加的原料预先进行配料或者配料混合后获得的中间产品）配料岗位操作规程，规定小料原料的领取与核实、小料原料的放置与标识、称重电子秤校准与核查、现场清洁卫生、小料原料领取记录、小料配料记录等内容；

（二）小料预混合岗位操作规程，规定载体或者稀释剂领取、投料顺序、预混合时间、预混合产品分装与标识、现场清洁卫生、小料预混合记录等内容；

（三）小料投料与复核岗位操作规程，规定小料投放指令、小料复核、现场清洁卫生、小料投料与复核记录等内容；

（四）大料投料岗位操作规程，规定投料指令、垛位取料、感官检查、现场清洁卫生、大料投料记录等内容；

（五）粉碎岗位操作规程，规定筛片锤片检查与更换、粉碎粒度、粉碎料入仓检查、喂料器和磁选设备清理、粉碎作业记录等内容；

（六）中控岗位操作规程，规定设备开启与关闭原则、微机配料软件启动与配方核对、混合时间设置、配料误差核查、进仓原料核实、中控作业记录等内容；

（七）制粒岗位操作规程，规定设备开启与关闭原则、环模与分级筛网更换、破碎机轧距调节、制粒机润滑、调质参数监视、设备（制粒室、调质器、冷却器）清理、感官检查、现场清洁卫生、制粒作业记录等内容；

（八）膨化岗位操作规程，规定设备开启与关闭原则、调质参数监视、设备（膨化室、调质器、冷却器、干燥器）清理、感官检查、现场清洁卫生、膨化作业记录等内容；

（九）包装岗位操作规程，规定标签与包装袋领取、标签与包装袋核对、感官检查、包重校验、现场清洁卫生、包装作业记录等内容；

（十）生产线清洗操作规程，规定清洗原则、清洗实施与效果评价、清洗料的放置与标识、清洗料使用、生产线清洗记录等内容。

第十六条 企业应当根据实际工艺流程，制定生产记录表单，填写并保存相关记录：

（一）小料原料领取记录，包括小料原料名称、领用数量、领取时间、领取人等信息；

（二）小料配料记录，包括小料名称、理论值、实际称重值、配料数量、作业时间、配料人等信息；

（三）小料预混合记录，包括小料名称、重量、批次、混合时间、作业时间、操作人等信息；

（四）小料投料与复核记录，包括产品名称、接收批数、投料批数、重量复核、剩余批数、作业时间、投料人等信息；

（五）大料投料记录，包括大料名称、投料数量、感官检查、作业时间、投料人等信息；

（六）粉碎作业记录，包括物料名称、粉碎机号、筛片规格、作业时间、操作人等信息；

（七）大料配料记录，包括配方编号、大料名称、配料仓号、理论值、实际值、作业时间、配料人等信息；

（八）中控作业记录，包括产品名称、配方编号、清洗料、理论产量、成品仓号、洗仓情况、作业时间、操作人等信息；

（九）制粒作业记录，包括产品名称、制粒机号、制粒仓号、调质温度、蒸汽压力、环模孔径、环模长径比、分级筛筛网孔径、感官检查、作业时间、操作人等信息；

（十）膨化作业记录，包括产品名称、调质温度、模板孔径、膨化温度、感官检查、作业时间、操作人等信息；

（十一）包装作业记录，包括产品名称、实际产量、包装规格、包数、感官检查、头尾包数量、作业时间、操作人等信息；

（十二）标签领用记录，包括产品名称、领用数量、班次用量、损毁数量、剩余数量、领取时间、领用人等信息；

（十三）生产线清洗记录，包括班次、清洗料名称、清洗料重量、清洗过程描述、作业时间、清洗人等信息；

（十四）清洗料使用记录，包括清洗料名称、生产班次、清洗料使用情况描述、使用时间、操作人等信息。

第十七条 企业应当采取有效措施防止生产过程中的交叉污染：

（一）按照"无药物的在先、有药物的在后"原则制定生产计划；

（二）生产含有药物饲料添加剂的产品后，生产不含药物饲料添加剂或者改变所用药物饲料添加剂品种的产品的，应当对生产线进行清洗；清洗料回用的，应当明确标识并回置于同品种产品中；

（三）盛放饲料添加剂、药物饲料添加剂、添加剂预混合饲料、含有药物饲料添加剂的产品及其中间产品的器具或者包装物应当明确标识，不得交叉混用；

（四）设备应当定期清理，及时清除残存料、粉尘积垢等残留物。

第十八条　企业应当采取有效措施防止外来污染：

（一）生产车间应当配备防鼠、防鸟等设施，地面平整，无污垢积存；

（二）生产现场的原料、中间产品、返工料、清洗料、不合格品等应当分类存放，清晰标识；

（三）保持生产现场清洁，及时清理杂物；

（四）按照产品说明书规范使用润滑油、清洗剂；

（五）不得使用易碎、易断裂、易生锈的器具作为称量或者盛放用具；

（六）不得在饲料生产过程中进行维修、焊接、气割等作业。

第十九条　企业应当建立配方管理制度，规定配方的设计、审核、批准、更改、传递、使用等内容。

第二十条　企业应当建立产品标签管理制度，规定标签的设计、审核、保管、使用、销毁等内容。

产品标签应当专库（柜）存放，专人管理。

第二十一条　企业应当对生产配方中添加比例小于0.2%的原料进行预混合。

第二十二条　企业应当根据产品混合均匀度要求，确定产品的最佳混合时间，填写并保存最佳混合时间实验记录。实验记录应当包括混合机编号、混合物料名称、混合次数、混合时间、检验结果、最佳混合时间、检验日期、检验人等信息。

企业应当每6个月按照产品类别（添加剂预混合饲料、配合饲料、浓缩饲料、精料补充料）进行至少1次混合均匀度验证，填写并保存混合均匀度验证记录。验证记录应当包括产品名称、混合机编号、混合时间、检验方法、检验结果、验证结论、检验日期、检验人等信息。

混合机发生故障经修复投入生产前，应当按照前款规定进行混合均匀度验证。

第二十三条　企业应当建立生产设备管理制度和档案，制定粉碎机、混合机、制粒机、膨化机、空气压缩机等关键设备操作规程，填写并保存维护保养记录和维修记录：

（一）生产设备管理制度应当规定采购与验收、档案管理、使用操作、维护保养、备品备件管理、维护保养记录、维修记录等内容；

（二）设备操作规程应当规定开机前准备、启动与关闭、操作步骤、关机后整理、日常维护保养等内容；

（三）维护保养记录应当包括设备名称、设备编号、保养项目、保养日期、保养人等信息；

（四）维修记录应当包括设备名称、设备编号、维修部位、故障描述、维修方式及效果、维修日期、维修人等信息；

（五）关键设备应当实行"一机一档"管理，档案包括基本信息表（名称、编号、规格型号、制造厂家、联系方式、安装日期、投入使用日期）、使用说明书、操作规程、维护保养记录、维修记录等内容。

第二十四条 企业应当严格执行国家安全生产相关法律法规。

生产设备、辅助系统应当处于正常工作状态；锅炉、压力容器等特种设备应当通过安全检查；计量秤、地磅、压力表等测量设备应当定期检定或者校验。

第四章 产品质量控制

第二十五条 企业应当建立现场质量巡查制度，填写并保存现场质量巡查记录：

（一）现场质量巡查制度应当规定巡查位点、巡查内容、巡查频次、异常情况界定、处置方式、处置权限、巡查记录等内容；

（二）现场质量巡查记录应当包括巡查位点、巡查内容、异常情况描述、处置方式、处置结果、巡查时间、巡查人等信息。

第二十六条 企业应当建立检验管理制度，规定人员资质与职责、样品抽取与检验、检验结果判定、检验报告编制与审核、产品质量检验合格证签发等内容。

第二十七条 企业应当根据产品质量标准实施出厂检验，填写并保存产品出厂检验记录；检验记录应当包括产品名称或者编号、检验项目、检验方法、计算公式中符号的含义和数值、检验结果、检验日期、检验人等信息。产品出厂检验记录保存期限不得少于2年。

第二十八条 企业应当每周从其生产的产品中至少抽取5个批次的产品自行检验下列主成分指标：

（一）维生素预混合饲料：两种以上维生素；

（二）微量元素预混合饲料：两种以上微量元素；

（三）复合预混合饲料：两种以上维生素和两种以上微量元素；

（四）浓缩饲料、配合饲料、精料补充料：粗蛋白质、粗灰分、钙、总磷。

主成分指标检验记录保存期限不得少于2年。

第二十九条 企业应当根据仪器设备配置情况，建立分析天平、高温炉、干燥箱、酸度计、分光光度计、高效液相色谱仪、原子吸收分光光度计等主要仪器设备操作规程和档案，填写并保存仪器设备使用记录：

（一）仪器设备操作规程应当规定开机前准备、开机顺序、操作步骤、关机顺序、关机后整理、日常维护、使用记录等内容；

（二）仪器设备使用记录应当包括仪器设备名称、型号或者编号、使用日期、样品名称或者编号、检验项目、开始时间、完毕时间、仪器设备运行前后状态、使用人等信息；

（三）仪器设备应当实行"一机一档"管理，档案包括仪器基本信息表（名称、编号、型号、制造厂家、联系方式、安装日期、投入使用日期）、使用说明书、购置合同、操作规程、使用记录等内容。

第三十条 企业应当建立化学试剂和危险化学品管理制度，规定采购、贮存要求、出入库、使用、处理等内容。

化学试剂、危险化学品以及试验溶液的使用，应当遵循GB/T 601、GB/T 602、

GB/T 603以及检验方法标准的要求。

　　企业应当填写并保存危险化学品出入库记录，记录应当包括危险化学品名称、入库数量和日期、出库数量和日期、保管人等信息。

　　第三十一条　企业应当每年选择5个检验项目，采取以下一项或者多项措施进行检验能力验证，对验证结果进行评价并编制评价报告：

　　（一）同具有法定资质的检验机构进行检验比对；

　　（二）利用购买的标准物质或者高纯度化学试剂进行检验验证；

　　（三）在实验室内部进行不同人员、不同仪器的检验比对；

　　（四）对曾经检验过的留存样品进行再检验；

　　（五）利用检验质量控制图等数理统计手段识别异常数据。

　　第三十二条　企业应当建立产品留样观察制度，对每批次产品实施留样观察，填写并保存留样观察记录：

　　（一）留样观察制度应当规定留样数量、留样标识、贮存环境、观察内容、观察频次、异常情况界定、处置方式、处置权限、到期样品处理、留样观察记录等内容；

　　（二）留样观察记录应当包括产品名称或者编号、生产日期或者批号、保质截止日期、观察内容、异常情况描述、处置方式、处置结果、观察日期、观察人等信息。

　　留样保存时间应当超过产品保质期1个月。

　　第三十三条　企业应当建立不合格品管理制度，填写并保存不合格品处置记录：

　　（一）不合格品管理制度应当规定不合格品的界定、标识、贮存、处置方式、处置权限、处置记录等内容；

　　（二）不合格品处置记录应当包括不合格品的名称、数量、不合格原因、处置方式、处置结果、处置日期、处置人等信息。

第五章　产品贮存与运输

　　第三十四条　企业应当建立产品仓储管理制度，填写并保存出入库记录：

　　（一）仓储管理制度应当规定库位规划、堆放方式、垛位标识、库房盘点、环境要求、虫鼠防范、库房安全、出入库记录等内容；

　　（二）出入库记录应当包括产品名称、规格或者等级、生产日期、入库数量和日期、出库数量和日期、库存数量、保管人等信息；

　　（三）不同产品的垛位之间应当保持适当距离；

　　（四）不合格产品和过期产品应当隔离存放并有清晰标识。

　　第三十五条　企业应当在产品装车前对运输车辆的安全、卫生状况实施检查。

　　第三十六条　企业使用罐装车运输产品的，应当专车专用，并随车附具产品标签和产品质量检验合格证。

　　装运不同产品时，应当对罐体进行清理。

　　第三十七条　企业应当填写并保存产品销售台账。销售台账应当包括产品的名称、数量、生产日期、生产批次、质量检验信息、购货者名称及其联系方式、销售日期等信息。

销售台账保存期限不得少于2年。

第六章　产品投诉与召回

第三十八条　企业应当建立客户投诉处理制度，填写并保存客户投诉处理记录：

（一）投诉处理制度应当规定投诉受理、处理方法、处理权限、投诉处理记录等内容；

（二）投诉处理记录应当包括投诉日期、投诉人姓名和地址、产品名称、生产日期、投诉内容、处理结果、处理日期、处理人等信息。

第三十九条　企业应当建立产品召回制度，填写并保存召回记录：

（一）召回制度应当规定召回流程、召回产品的标识和贮存、召回记录等内容；

（二）召回记录应当包括产品名称、召回产品使用者、召回数量、召回日期等信息。

企业应当每年至少进行1次产品召回模拟演练，综合评估演练结果并编制模拟演练总结报告。

第四十条　企业应当在饲料管理部门的监督下对召回产品进行无害化处理或者销毁，填写并保存召回产品处置记录。处置记录应当包括处置产品名称、数量、处置方式、处置日期、处置人、监督人等信息。

第七章　培训、卫生和记录管理

第四十一条　企业应当建立人员培训制度，制定年度培训计划，每年对员工进行至少2次饲料质量安全知识培训，填写并保存培训记录：

（一）人员培训制度应当规定培训范围、培训内容、培训方式、考核方式、效果评价、培训记录等内容；

（二）培训记录应当包括培训对象、内容、师资、日期、地点、考核方式、考核结果等信息。

第四十二条　厂区环境卫生应当符合国家有关规定。

第四十三条　企业应当建立记录管理制度，规定记录表单的编制、格式、编号、审批、印发、修订、填写、存档、保存期限等内容。

除本规范中明确规定保存期限的记录外，其他记录保存期限不得少于1年。

第八章　附　　则

第四十四条　本规范自2015年7月1日起施行。

附件十一　宠物饲料管理办法

（中华人民共和国农业农村部公告第 20 号，2018 年 4 月 27 日）

第一条　为加强宠物饲料管理，保障宠物饲料产品质量安全，促进宠物饲料行业发展，根据《饲料和饲料添加剂管理条例》，制定本办法。

第二条　本办法所称宠物饲料，是指经工业化加工、制作的供宠物直接食用的产品，也称为宠物食品，包括宠物配合饲料、宠物添加剂预混合饲料和其他宠物饲料。

宠物配合饲料，是指为满足宠物不同生命阶段或者特定生理、病理状态下的营养需要，将多种饲料原料和饲料添加剂按照一定比例配制的饲料，单独使用即可满足宠物全面营养需要。

宠物添加剂预混合饲料，是指为满足宠物对氨基酸、维生素、矿物质微量元素、酶制剂等营养性饲料添加剂的需要，由营养性饲料添加剂与载体或者稀释剂按照一定比例配制的饲料。

其他宠物饲料，是指为实现奖励宠物、与宠物互动或者刺激宠物咀嚼、撕咬等目的，将几种饲料原料和饲料添加剂按照一定比例配制的饲料。

第三条　申请从事宠物配合饲料、宠物添加剂预混合饲料生产的企业，应当符合《宠物饲料生产企业许可条件》的要求，向生产地省级人民政府饲料管理部门提出申请，并依法取得饲料生产许可证。

第四条　宠物饲料生产企业应当按照有关规定和标准，对采购的饲料原料、添加剂预混合饲料和饲料添加剂进行查验或者检验；使用饲料添加剂的，应当遵守《饲料添加剂品种目录》《饲料添加剂安全使用规范》等限制性规定。禁止使用《饲料原料目录》《饲料添加剂品种目录》以外的任何物质生产宠物饲料。

宠物饲料生产企业应当如实记录采购的饲料原料、添加剂预混合饲料、饲料添加剂的名称、产地、数量、保质期、许可证明文件编号、质量检验信息、生产企业名称或者供货者名称及其联系方式、进货日期等。记录保存期限不得少于 2 年。

第五条　宠物配合饲料、宠物添加剂预混合饲料生产企业应当按照产品质量标准、《饲料质量安全管理规范》组织生产，对生产过程实施有效控制并实行生产记录和产品留样观察制度。

其他宠物饲料生产企业应当按照产品质量标准组织生产，建立健全采购、生产、检验、销售、仓储等管理制度，对生产过程实施有效控制并实行生产记录和产品留样观察制度。

第六条　宠物饲料生产企业应当对其生产的产品进行质量检验；检验合格的，应当附具产品质量检验合格证。未经产品质量检验、检验不合格或者未附具产品质量检验合格证的，不得出厂销售。

宠物饲料生产企业应当如实记录出厂销售的宠物饲料产品的名称、数量、生产日期、生产批次、质量检验信息、购货者名称及其联系方式、销售日期等。记录保存期限不得少于 2 年。

第七条 出厂销售的宠物饲料产品应当包装，包装应当符合国家有关安全、卫生的规定。

第八条 宠物饲料产品的包装上应当附具标签。标签应当符合《宠物饲料标签规定》的要求。

第九条 宠物饲料生产企业应当采取有效措施保障产品质量安全。宠物饲料产品的卫生指标应当符合《宠物饲料卫生规定》的要求。

第十条 宠物饲料经营者进货时应当查验宠物饲料产品标签、产品质量检验合格证；对宠物配合饲料、宠物添加剂预混合饲料产品，还应当查验饲料生产许可证、进口登记证等许可证明文件。

宠物饲料经营者不得对宠物饲料产品进行拆包、分装，不得对宠物饲料产品进行再加工或者添加任何物质。

禁止经营无产品标签、无产品质量标准、无产品质量检验合格证的宠物饲料。禁止经营标签不符合《宠物饲料标签规定》要求的宠物饲料。禁止经营用《饲料原料目录》《饲料添加剂品种目录》以外的任何物质生产的宠物饲料。

禁止经营无生产许可证的宠物配合饲料、宠物添加剂预混合饲料。禁止经营未取得进口登记证的进口宠物配合饲料、宠物添加剂预混合饲料。

第十一条 宠物饲料经营者应当建立产品购销台账，如实记录购销宠物饲料产品的名称、许可证明文件编号、规格、数量、保质期、生产企业名称或者供货者名称及其联系方式、购销时间等。购销台账保存期限不得少于 2 年。

第十二条 网络宠物饲料产品交易第三方平台提供者，应当对入网的宠物饲料经营者进行实名登记，督促经营者认真履行宠物饲料产品质量安全管理责任和义务，保障平台上销售的宠物饲料产品符合本办法要求。

第十三条 宠物饲料生产企业发现其生产的产品可能对宠物健康有害或者存在其他安全隐患的，应当立即停止生产，通知经营者、使用者，向饲料管理部门报告，主动召回产品，并记录召回和通知情况。召回的产品应当在饲料管理部门的监督下，予以无害化处理或者销毁。

宠物饲料经营者发现其销售的宠物饲料产品有前款规定情形的，应当立即停止销售，通知生产企业、供货者和使用者，向饲料管理部门报告，并记录通知情况。

第十四条 境外宠物饲料生产企业向中国出口宠物配合饲料、宠物添加剂预混合饲料的，应当委托境外企业驻中国境内的办事机构或者中国境内代理机构向国务院农业行政主管部门申请登记，并依法取得进口登记证。

第十五条 向中国境内出口的宠物饲料，应当包装并附具符合《宠物饲料标签规定》要求的中文标签；产品卫生指标应当符合《宠物饲料卫生规定》的要求；宠物配合饲料、宠物添加剂预混合饲料还应当符合进口登记产品的备案标准要求。

生产向中国境内出口的宠物饲料所使用的饲料原料和饲料添加剂应当符合《饲料原料目录》《饲料添加剂品种目录》的要求，并遵守《饲料添加剂品种目录》《饲料添加剂安全使用规范》的规定。

第十六条　国务院农业行政主管部门和县级以上人民政府饲料管理部门，应当根据需要定期或者不定期组织实施宠物饲料产品监督抽查。

国务院农业行政主管部门和省级人民政府饲料管理部门应当按照职责权限公布监督抽查结果，并可以公布具有不良记录的宠物饲料生产企业、经营者以及为经营者提供服务的第三方交易平台名单。

第十七条　未取得饲料生产许可证生产宠物配合饲料、宠物添加剂预混合饲料的，依据《饲料和饲料添加剂管理条例》第三十八条进行处罚。

第十八条　宠物饲料生产企业违反本办法规定，使用《饲料原料目录》《饲料添加剂品种目录》以外的物质生产宠物饲料的，或者不遵守国务院农业行政主管部门的限制性规定的，依据《饲料和饲料添加剂管理条例》第三十九条进行处罚。

第十九条　宠物饲料生产企业未对采购的饲料原料、添加剂预混合饲料和饲料添加剂进行查验或者检验的，或者未对生产的宠物饲料进行产品质量检验的，依据《饲料和饲料添加剂管理条例》第四十条进行处罚。

第二十条　宠物配合饲料、宠物添加剂预混合饲料生产企业不遵守《饲料质量安全管理规范》的，依据《饲料和饲料添加剂管理条例》第四十条进行处罚。

第二十一条　宠物饲料生产企业未实行采购、生产、销售记录制度或者产品留样观察制度的，依据《饲料和饲料添加剂管理条例》第四十一条进行处罚。

第二十二条　宠物饲料产品未附具产品质量检验合格证或者包装、标签不符合规定的，依据《饲料和饲料添加剂管理条例》第四十一条进行处罚。

第二十三条　宠物饲料经营者有下列行为之一的，依据《饲料和饲料添加剂管理条例》第四十三条进行处罚：

（一）对经营的宠物饲料产品进行再加工或者添加物质的；

（二）经营无产品标签、无产品质量检验合格证的宠物饲料的；经营无生产许可证的宠物配合饲料、宠物添加剂预混合饲料的；

（三）经营用《饲料原料目录》《饲料添加剂品种目录》以外的物质生产的宠物饲料的；

（四）经营未取得进口登记证的进口宠物配合饲料、宠物添加剂预混合饲料的。

第二十四条　宠物饲料经营者有下列行为之一的，依据《饲料和饲料添加剂管理条例》第四十四条进行处罚：

（一）对宠物饲料产品进行拆包、分装的；

（二）未实行产品购销台账制度的；

（三）经营的宠物饲料产品失效、霉变或者超过保质期的。

第二十五条　对本办法第十五条规定的宠物饲料产品，生产企业不主动召回的，依据《饲料和饲料添加剂管理条例》第四十五条进行处罚。

第二十六条　宠物饲料生产企业、经营者有下列行为之一的，依据《饲料和饲料添加剂管理条例》第四十六条进行处罚：

（一）生产、经营无产品质量标准或者不符合产品质量标准的宠物饲料产品的；

（二）生产、经营的宠物饲料产品与标签标示的内容不一致的。

第二十七条 本办法仅适用于宠物犬、宠物猫饲料的管理。其他种类宠物饲料的管理要求另行规定。

第二十八条 本办法自 2018 年 6 月 1 日起施行。

附件十二　兽药管理条例

（2004 年 4 月 9 日国务院令第 404 号公布　根据 2014 年 7 月 29 日
《国务院关于修改部分行政法规的决定》第一次修订　根据
2016 年 2 月 6 日《国务院关于修改部分行政法规的决定》
第二次修订　根据 2020 年 3 月 27 日《国务院关于修改和
废止部分行政法规的决定》第三次修订）

第一章　总　　则

第一条　为了加强兽药管理，保证兽药质量，防治动物疾病，促进养殖业的发展，维护人体健康，制定本条例。

第二条　在中华人民共和国境内从事兽药的研制、生产、经营、进出口、使用和监督管理，应当遵守本条例。

第三条　国务院兽医行政管理部门负责全国的兽药监督管理工作。

县级以上地方人民政府兽医行政管理部门负责本行政区域内的兽药监督管理工作。

第四条　国家实行兽用处方药和非处方药分类管理制度。兽用处方药和非处方药分类管理的办法和具体实施步骤，由国务院兽医行政管理部门规定。

第五条　国家实行兽药储备制度。

发生重大动物疫情、灾情或者其他突发事件时，国务院兽医行政管理部门可以紧急调用国家储备的兽药；必要时，也可以调用国家储备以外的兽药。

第二章　新兽药研制

第六条　国家鼓励研制新兽药，依法保护研制者的合法权益。

第七条　研制新兽药，应当具有与研制相适应的场所、仪器设备、专业技术人员、安全管理规范和措施。

研制新兽药，应当进行安全性评价。从事兽药安全性评价的单位应当遵守国务院兽医行政管理部门制定的兽药非临床研究质量管理规范和兽药临床试验质量管理规范。

省级以上人民政府兽医行政管理部门应当对兽药安全性评价单位是否符合兽药非临床研究质量管理规范和兽药临床试验质量管理规范的要求进行监督检查，并公布监督检查结果。

第八条　研制新兽药，应当在临床试验前向临床试验场所所在地省、自治区、直辖市人民政府兽医行政管理部门备案，并附具该新兽药实验室阶段安全性评价报告及其他临床前研究资料。

研制的新兽药属于生物制品的，应当在临床试验前向国务院兽医行政管理部门提出申请，国务院兽医行政管理部门应当自收到申请之日起 60 个工作日内将审查结果书面通知申请人。

研制新兽药需要使用一类病原微生物的，还应当具备国务院兽医行政管理部门规定的条件，并在实验室阶段前报国务院兽医行政管理部门批准。

第九条 临床试验完成后，新兽药研制者向国务院兽医行政管理部门提出新兽药注册申请时，应当提交该新兽药的样品和下列资料：

（一）名称、主要成分、理化性质；

（二）研制方法、生产工艺、质量标准和检测方法；

（三）药理和毒理试验结果、临床试验报告和稳定性试验报告；

（四）环境影响报告和污染防治措施。

研制的新兽药属于生物制品的，还应当提供菌（毒、虫）种、细胞等有关材料和资料。菌（毒、虫）种、细胞由国务院兽医行政管理部门指定的机构保藏。

研制用于食用动物的新兽药，还应当按照国务院兽医行政管理部门的规定进行兽药残留试验并提供休药期、最高残留限量标准、残留检测方法及其制定依据等资料。

国务院兽医行政管理部门应当自收到申请之日起 10 个工作日内，将决定受理的新兽药资料送其设立的兽药评审机构进行评审，将新兽药样品送其指定的检验机构复核检验，并自收到评审和复核检验结论之日起 60 个工作日内完成审查。审查合格的，发给新兽药注册证书，并发布该兽药的质量标准；不合格的，应当书面通知申请人。

第十条 国家对依法获得注册的、含有新化合物的兽药的申请人提交的其自己所取得且未披露的试验数据和其他数据实施保护。

自注册之日起 6 年内，对其他申请人未经已获得注册兽药的申请人同意，使用前款规定的数据申请兽药注册的，兽药注册机关不予注册；但是，其他申请人提交其自己所取得的数据的除外。

除下列情况外，兽药注册机关不得披露本条第一款规定的数据：

（一）公共利益需要；

（二）已采取措施确保该类信息不会被不正当地进行商业使用。

第三章　兽药生产

第十一条 从事兽药生产的企业，应当符合国家兽药行业发展规划和产业政策，并具备下列条件：

（一）与所生产的兽药相适应的兽医学、药学或者相关专业的技术人员；

（二）与所生产的兽药相适应的厂房、设施；

（三）与所生产的兽药相适应的兽药质量管理和质量检验的机构、人员、仪器设备；

（四）符合安全、卫生要求的生产环境；

（五）兽药生产质量管理规范规定的其他生产条件。

符合前款规定条件的，申请人方可向省、自治区、直辖市人民政府兽医行政管理部门提出申请，并附具符合前款规定条件的证明材料；省、自治区、直辖市人民政府兽医行政管理部门应当自收到申请之日起 40 个工作日内完成审查。经审查合格的，发给兽药生产许可证；不合格的，应当书面通知申请人。

第十二条 兽药生产许可证应当载明生产范围、生产地点、有效期和法定代表人姓名、住址等事项。

　　兽药生产许可证有效期为 5 年。有效期届满，需要继续生产兽药的，应当在许可证有效期届满前 6 个月到发证机关申请换发兽药生产许可证。

　　第十三条　兽药生产企业变更生产范围、生产地点的，应当依照本条例第十一条的规定申请换发兽药生产许可证；变更企业名称、法定代表人的，应当在办理工商变更登记手续后 15 个工作日内，到发证机关申请换发兽药生产许可证。

　　第十四条　兽药生产企业应当按照国务院兽医行政管理部门制定的兽药生产质量管理规范组织生产。

　　省级以上人民政府兽医行政管理部门，应当对兽药生产企业是否符合兽药生产质量管理规范的要求进行监督检查，并公布检查结果。

　　第十五条　兽药生产企业生产兽药，应当取得国务院兽医行政管理部门核发的产品批准文号，产品批准文号的有效期为 5 年。兽药产品批准文号的核发办法由国务院兽医行政管理部门制定。

　　第十六条　兽药生产企业应当按照兽药国家标准和国务院兽医行政管理部门批准的生产工艺进行生产。兽药生产企业改变影响兽药质量的生产工艺的，应当报原批准部门审核批准。

　　兽药生产企业应当建立生产记录，生产记录应当完整、准确。

　　第十七条　生产兽药所需的原料、辅料，应当符合国家标准或者所生产兽药的质量要求。

　　直接接触兽药的包装材料和容器应当符合药用要求。

　　第十八条　兽药出厂前应当经过质量检验，不符合质量标准的不得出厂。

　　兽药出厂应当附有产品质量合格证。

　　禁止生产假、劣兽药。

　　第十九条　兽药生产企业生产的每批兽用生物制品，在出厂前应当由国务院兽医行政管理部门指定的检验机构审查核对，并在必要时进行抽查检验；未经审查核对或者抽查检验不合格的，不得销售。

　　强制免疫所需兽用生物制品，由国务院兽医行政管理部门指定的企业生产。

　　第二十条　兽药包装应当按照规定印有或者贴有标签，附具说明书，并在显著位置注明"兽用"字样。

　　兽药的标签和说明书经国务院兽医行政管理部门批准并公布后，方可使用。

　　兽药的标签或者说明书，应当以中文注明兽药的通用名称、成分及其含量、规格、生产企业、产品批准文号（进口兽药注册证号）、产品批号、生产日期、有效期、适应症或者功能主治、用法、用量、休药期、禁忌、不良反应、注意事项、运输贮存保管条件及其他应当说明的内容。有商品名称的，还应当注明商品名称。

　　除前款规定的内容外，兽用处方药的标签或者说明书还应当印有国务院兽医行政管理部门规定的警示内容，其中兽用麻醉药品、精神药品、毒性药品和放射性药品还应当印有国务院兽医行政管理部门规定的特殊标志；兽用非处方药的标签或者说明书还应当印有国务院兽医行政管理部门规定的非处方药标志。

　　第二十一条　国务院兽医行政管理部门，根据保证动物产品质量安全和人体健康的需要，可以对新兽药设立不超过 5 年的监测期；在监测期内，不得批准其他企业生产或者进口该新兽药。生产企业应当在监测期内收集该新兽药的疗效、不良反应等资料，并及时报送国务院兽医行政管理部门。

第四章　兽药经营

第二十二条　经营兽药的企业，应当具备下列条件：

（一）与所经营的兽药相适应的兽药技术人员；

（二）与所经营的兽药相适应的营业场所、设备、仓库设施；

（三）与所经营的兽药相适应的质量管理机构或者人员；

（四）兽药经营质量管理规范规定的其他经营条件。

符合前款规定条件的，申请人方可向市、县人民政府兽医行政管理部门提出申请，并附具符合前款规定条件的证明材料；经营兽用生物制品的，应当向省、自治区、直辖市人民政府兽医行政管理部门提出申请，并附具符合前款规定条件的证明材料。

县级以上地方人民政府兽医行政管理部门，应当自收到申请之日起 30 个工作日内完成审查。审查合格的，发给兽药经营许可证；不合格的，应当书面通知申请人。

第二十三条　兽药经营许可证应当载明经营范围、经营地点、有效期和法定代表人姓名、住址等事项。

兽药经营许可证有效期为 5 年。有效期届满，需要继续经营兽药的，应当在许可证有效期届满前 6 个月到发证机关申请换发兽药经营许可证。

第二十四条　兽药经营企业变更经营范围、经营地点的，应当依照本条例第二十二条的规定申请换发兽药经营许可证；变更企业名称、法定代表人的，应当在办理工商变更登记手续后 15 个工作日内，到发证机关申请换发兽药经营许可证。

第二十五条　兽药经营企业，应当遵守国务院兽医行政管理部门制定的兽药经营质量管理规范。

县级以上地方人民政府兽医行政管理部门，应当对兽药经营企业是否符合兽药经营质量管理规范的要求进行监督检查，并公布检查结果。

第二十六条　兽药经营企业购进兽药，应当将兽药产品与产品标签或者说明书、产品质量合格证核对无误。

第二十七条　兽药经营企业，应当向购买者说明兽药的功能主治、用法、用量和注意事项。销售兽用处方药的，应当遵守兽用处方药管理办法。

兽药经营企业销售兽用中药材的，应当注明产地。

禁止兽药经营企业经营人用药品和假、劣兽药。

第二十八条　兽药经营企业购销兽药，应当建立购销记录。购销记录应当载明兽药的商品名称、通用名称、剂型、规格、批号、有效期、生产厂商、购销单位、购销数量、购销日期和国务院兽医行政管理部门规定的其他事项。

第二十九条　兽药经营企业，应当建立兽药保管制度，采取必要的冷藏、防冻、防潮、防虫、防鼠等措施，保持所经营兽药的质量。

兽药入库、出库，应当执行检查验收制度，并有准确记录。

第三十条　强制免疫所需兽用生物制品的经营，应当符合国务院兽医行政管理部门的规定。

第三十一条　兽药广告的内容应当与兽药说明书内容一致，在全国重点媒体发布兽药广告的，应当经国务院兽医行政管理部门审查批准，取得兽药广告审查批准文号。在地方媒体发布兽药广告的，应当经省、自治区、直辖市人民政府兽医行政管理部门审查批准，取得兽药广告审查批准文号；未经批准的，不得发布。

第五章　兽药进出口

第三十二条　首次向中国出口的兽药，由出口方驻中国境内的办事机构或者其委托的中国境内代理机构向国务院兽医行政管理部门申请注册，并提交下列资料和物品：

（一）生产企业所在国家（地区）兽药管理部门批准生产、销售的证明文件；

（二）生产企业所在国家（地区）兽药管理部门颁发的符合兽药生产质量管理规范的证明文件；

（三）兽药的制造方法、生产工艺、质量标准、检测方法、药理和毒理试验结果、临床试验报告、稳定性试验报告及其他相关资料；用于食用动物的兽药的休药期、最高残留限量标准、残留检测方法及其制定依据等资料；

（四）兽药的标签和说明书样本；

（五）兽药的样品、对照品、标准品；

（六）环境影响报告和污染防治措施；

（七）涉及兽药安全性的其他资料。

申请向中国出口兽用生物制品的，还应当提供菌（毒、虫）种、细胞等有关材料和资料。

第三十三条　国务院兽医行政管理部门，应当自收到申请之日起10个工作日内组织初步审查。经初步审查合格的，应当将决定受理的兽药资料送其设立的兽药评审机构进行评审，将该兽药样品送其指定的检验机构复核检验，并自收到评审和复核检验结论之日起60个工作日内完成审查。经审查合格的，发给进口兽药注册证书，并发布该兽药的质量标准；不合格的，应当书面通知申请人。

在审查过程中，国务院兽医行政管理部门可以对向中国出口兽药的企业是否符合兽药生产质量管理规范的要求进行考查，并有权要求该企业在国务院兽医行政管理部门指定的机构进行该兽药的安全性和有效性试验。

国内急需兽药、少量科研用兽药或者注册兽药的样品、对照品、标准品的进口，按照国务院兽医行政管理部门的规定办理。

第三十四条　进口兽药注册证书的有效期为5年。有效期届满，需要继续向中国出口兽药的，应当在有效期届满前6个月到发证机关申请再注册。

第三十五条　境外企业不得在中国直接销售兽药。境外企业在中国销售兽药，应当依法在中国境内设立销售机构或者委托符合条件的中国境内代理机构。

进口在中国已取得进口兽药注册证书的兽药的，中国境内代理机构凭进口兽药注册证书到口岸所在地人民政府兽医行政管理部门办理进口兽药通关单。海关凭进口兽药通关单放行。兽药进口管理办法由国务院兽医行政管理部门会同海关总署制定。

兽用生物制品进口后，应当依照本条例第十九条的规定进行审查核对和抽查检验。其他兽药进口后，由当地兽医行政管理部门通知兽药检验机构进行抽查检验。

第三十六条 禁止进口下列兽药：

（一）药效不确定、不良反应大以及可能对养殖业、人体健康造成危害或者存在潜在风险的；

（二）来自疫区可能造成疫病在中国境内传播的兽用生物制品；

（三）经考查生产条件不符合规定的；

（四）国务院兽医行政管理部门禁止生产、经营和使用的。

第三十七条 向中国境外出口兽药，进口方要求提供兽药出口证明文件的，国务院兽医行政管理部门或者企业所在地的省、自治区、直辖市人民政府兽医行政管理部门可以出具出口兽药证明文件。

国内防疫急需的疫苗，国务院兽医行政管理部门可以限制或者禁止出口。

第六章　兽药使用

第三十八条 兽药使用单位，应当遵守国务院兽医行政管理部门制定的兽药安全使用规定，并建立用药记录。

第三十九条 禁止使用假、劣兽药以及国务院兽医行政管理部门规定禁止使用的药品和其他化合物。禁止使用的药品和其他化合物目录由国务院兽医行政管理部门制定公布。

第四十条 有休药期规定的兽药用于食用动物时，饲养者应当向购买者或者屠宰者提供准确、真实的用药记录；购买者或者屠宰者应当确保动物及其产品在用药期、休药期内不被用于食品消费。

第四十一条 国务院兽医行政管理部门，负责制定公布在饲料中允许添加的药物饲料添加剂品种目录。

禁止在饲料和动物饮用水中添加激素类药品和国务院兽医行政管理部门规定的其他禁用药品。

经批准可以在饲料中添加的兽药，应当由兽药生产企业制成药物饲料添加剂后方可添加。禁止将原料药直接添加到饲料及动物饮用水中或者直接饲喂动物。

禁止将人用药品用于动物。

第四十二条 国务院兽医行政管理部门，应当制定并组织实施国家动物及动物产品兽药残留监控计划。

县级以上人民政府兽医行政管理部门，负责组织对动物产品中兽药残留量的检测。兽药残留检测结果，由国务院兽医行政管理部门或者省、自治区、直辖市人民政府兽医行政管理部门按照权限予以公布。

动物产品的生产者、销售者对检测结果有异议的，可以自收到检测结果之日起7个工作日内向组织实施兽药残留检测的兽医行政管理部门或者其上级兽医行政管理部门提出申请，由受理申请的兽医行政管理部门指定检验机构进行复检。

兽药残留限量标准和残留检测方法，由国务院兽医行政管理部门制定发布。

第四十三条　禁止销售含有违禁药物或者兽药残留量超过标准的食用动物产品。

第七章　兽药监督管理

第四十四条　县级以上人民政府兽医行政管理部门行使兽药监督管理权。

兽药检验工作由国务院兽医行政管理部门和省、自治区、直辖市人民政府兽医行政管理部门设立的兽药检验机构承担。国务院兽医行政管理部门，可以根据需要认定其他检验机构承担兽药检验工作。

当事人对兽药检验结果有异议的，可以自收到检验结果之日起7个工作日内向实施检验的机构或者上级兽医行政管理部门设立的检验机构申请复检。

第四十五条　兽药应当符合兽药国家标准。

国家兽药典委员会拟定的、国务院兽医行政管理部门发布的《中华人民共和国兽药典》和国务院兽医行政管理部门发布的其他兽药质量标准为兽药国家标准。

兽药国家标准的标准品和对照品的标定工作由国务院兽医行政管理部门设立的兽药检验机构负责。

第四十六条　兽医行政管理部门依法进行监督检查时，对有证据证明可能是假、劣兽药的，应当采取查封、扣押的行政强制措施，并自采取行政强制措施之日起7个工作日内作出是否立案的决定；需要检验的，应当自检验报告书发出之日起15个工作日内作出是否立案的决定；不符合立案条件的，应当解除行政强制措施；需要暂停生产的，由国务院兽医行政管理部门或者省、自治区、直辖市人民政府兽医行政管理部门按照权限作出决定；需要暂停经营、使用的，由县级以上人民政府兽医行政管理部门按照权限作出决定。

未经行政强制措施决定机关或者其上级机关批准，不得擅自转移、使用、销毁、销售被查封或者扣押的兽药及有关材料。

第四十七条　有下列情形之一的，为假兽药：

（一）以非兽药冒充兽药或者以他种兽药冒充此种兽药的；

（二）兽药所含成分的种类、名称与兽药国家标准不符合的。

有下列情形之一的，按照假兽药处理：

（一）国务院兽医行政管理部门规定禁止使用的；

（二）依照本条例规定应当经审查批准而未经审查批准即生产、进口的，或者依照本条例规定应当经抽查检验、审查核对而未经抽查检验、审查核对即销售、进口的；

（三）变质的；

（四）被污染的；

（五）所标明的适应症或者功能主治超出规定范围的。

第四十八条　有下列情形之一的，为劣兽药：

（一）成分含量不符合兽药国家标准或者不标明有效成分的；

（二）不标明或者更改有效期或者超过有效期的；

（三）不标明或者更改产品批号的；

（四）其他不符合兽药国家标准，但不属于假兽药的。

第四十九条 禁止将兽用原料药拆零销售或者销售给兽药生产企业以外的单位和个人。

禁止未经兽医开具处方销售、购买、使用国务院兽医行政管理部门规定实行处方药管理的兽药。

第五十条 国家实行兽药不良反应报告制度。

兽药生产企业、经营企业、兽药使用单位和开具处方的兽医人员发现可能与兽药使用有关的严重不良反应，应当立即向所在地人民政府兽医行政管理部门报告。

第五十一条 兽药生产企业、经营企业停止生产、经营超过 6 个月或者关闭的，由发证机关责令其交回兽药生产许可证、兽药经营许可证。

第五十二条 禁止买卖、出租、出借兽药生产许可证、兽药经营许可证和兽药批准证明文件。

第五十三条 兽药评审检验的收费项目和标准，由国务院财政部门会同国务院价格主管部门制定，并予以公告。

第五十四条 各级兽医行政管理部门、兽药检验机构及其工作人员，不得参与兽药生产、经营活动，不得以其名义推荐或者监制、监销兽药。

第八章 法律责任

第五十五条 兽医行政管理部门及其工作人员利用职务上的便利收取他人财物或者谋取其他利益，对不符合法定条件的单位和个人核发许可证、签署审查同意意见，不履行监督职责，或者发现违法行为不予查处，造成严重后果，构成犯罪的，依法追究刑事责任；尚不构成犯罪的，依法给予行政处分。

第五十六条 违反本条例规定，无兽药生产许可证、兽药经营许可证生产、经营兽药的，或者虽有兽药生产许可证、兽药经营许可证，生产、经营假、劣兽药的，或者兽药经营企业经营人用药品的，责令其停止生产、经营，没收用于违法生产的原料、辅料、包装材料及生产、经营的兽药和违法所得，并处违法生产、经营的兽药（包括已出售的和未出售的兽药，下同）货值金额 2 倍以上 5 倍以下罚款，货值金额无法查证核实的，处 10 万元以上 20 万元以下罚款；无兽药生产许可证生产兽药，情节严重的，没收其生产设备；生产、经营假、劣兽药，情节严重的，吊销兽药生产许可证、兽药经营许可证；构成犯罪的，依法追究刑事责任；给他人造成损失的，依法承担赔偿责任。生产、经营企业的主要负责人和直接负责的主管人员终身不得从事兽药的生产、经营活动。

擅自生产强制免疫所需兽用生物制品的，按照无兽药生产许可证生产兽药处罚。

第五十七条 违反本条例规定，提供虚假的资料、样品或者采取其他欺骗手段取得兽药生产许可证、兽药经营许可证或者兽药批准证明文件的，吊销兽药生产许可证、兽药经营许可证或者撤销兽药批准证明文件，并处 5 万元以上 10 万元以下罚款；给他人造成损失的，依法承担赔偿责任。其主要负责人和直接负责的主管人员终身不得从事兽药的生产、经营和进出口活动。

第五十八条　买卖、出租、出借兽药生产许可证、兽药经营许可证和兽药批准证明文件的，没收违法所得，并处 1 万元以上 10 万元以下罚款；情节严重的，吊销兽药生产许可证、兽药经营许可证或者撤销兽药批准证明文件；构成犯罪的，依法追究刑事责任；给他人造成损失的，依法承担赔偿责任。

第五十九条　违反本条例规定，兽药安全性评价单位、临床试验单位、生产和经营企业未按照规定实施兽药研究试验、生产、经营质量管理规范的，给予警告，责令其限期改正；逾期不改正的，责令停止兽药研究试验、生产、经营活动，并处 5 万元以下罚款；情节严重的，吊销兽药生产许可证、兽药经营许可证；给他人造成损失的，依法承担赔偿责任。

违反本条例规定，研制新兽药不具备规定的条件擅自使用一类病原微生物或者在实验室阶段前未经批准的，责令其停止实验，并处 5 万元以上 10 万元以下罚款；构成犯罪的，依法追究刑事责任；给他人造成损失的，依法承担赔偿责任。

违反本条例规定，开展新兽药临床试验应当备案而未备案的，责令其立即改正，给予警告，并处 5 万元以上 10 万元以下罚款；给他人造成损失的，依法承担赔偿责任。

第六十条　违反本条例规定，兽药的标签和说明书未经批准的，责令其限期改正；逾期不改正的，按照生产、经营假兽药处罚；有兽药产品批准文号的，撤销兽药产品批准文号；给他人造成损失的，依法承担赔偿责任。

兽药包装上未附有标签和说明书，或者标签和说明书与批准的内容不一致的，责令其限期改正；情节严重的，依照前款规定处罚。

第六十一条　违反本条例规定，境外企业在中国直接销售兽药的，责令其限期改正，没收直接销售的兽药和违法所得，并处 5 万元以上 10 万元以下罚款；情节严重的，吊销进口兽药注册证书；给他人造成损失的，依法承担赔偿责任。

第六十二条　违反本条例规定，未按照国家有关兽药安全使用规定使用兽药的、未建立用药记录或者记录不完整真实的，或者使用禁止使用的药品和其他化合物的，或者将人用药品用于动物的，责令其立即改正，并对饲喂了违禁药物及其他化合物的动物及其产品进行无害化处理；对违法单位处 1 万元以上 5 万元以下罚款；给他人造成损失的，依法承担赔偿责任。

第六十三条　违反本条例规定，销售尚在用药期、休药期内的动物及其产品用于食品消费的，或者销售含有违禁药物和兽药残留超标的动物产品用于食品消费的，责令其对含有违禁药物和兽药残留超标的动物产品进行无害化处理，没收违法所得，并处 3 万元以上 10 万元以下罚款；构成犯罪的，依法追究刑事责任；给他人造成损失的，依法承担赔偿责任。

第六十四条　违反本条例规定，擅自转移、使用、销毁、销售被查封或者扣押的兽药及有关材料的，责令其停止违法行为，给予警告，并处 5 万元以上 10 万元以下罚款。

第六十五条　违反本条例规定，兽药生产企业、经营企业、兽药使用单位和开具处方的兽医人员发现可能与兽药使用有关的严重不良反应，不向所在地人民政府兽医行政管理部门报告的，给予警告，并处 5000 元以上 1 万元以下罚款。

生产企业在新兽药监测期内不收集或者不及时报送该新兽药的疗效、不良反应等资料的，责令其限期改正，并处1万元以上5万元以下罚款；情节严重的，撤销该新兽药的产品批准文号。

第六十六条 违反本条例规定，未经兽医开具处方销售、购买、使用兽用处方药的，责令其限期改正，没收违法所得，并处5万元以下罚款；给他人造成损失的，依法承担赔偿责任。

第六十七条 违反本条例规定，兽药生产、经营企业把原料药销售给兽药生产企业以外的单位和个人的，或者兽药经营企业拆零销售原料药的，责令其立即改正，给予警告，没收违法所得，并处2万元以上5万元以下罚款；情节严重的，吊销兽药生产许可证、兽药经营许可证；给他人造成损失的，依法承担赔偿责任。

第六十八条 违反本条例规定，在饲料和动物饮用水中添加激素类药品和国务院兽医行政管理部门规定的其他禁用药品，依照《饲料和饲料添加剂管理条例》的有关规定处罚；直接将原料药添加到饲料及动物饮用水中，或者饲喂动物的，责令其立即改正，并处1万元以上3万元以下罚款；给他人造成损失的，依法承担赔偿责任。

第六十九条 有下列情形之一的，撤销兽药的产品批准文号或者吊销进口兽药注册证书：

（一）抽查检验连续2次不合格的；

（二）药效不确定、不良反应大以及可能对养殖业、人体健康造成危害或者存在潜在风险的；

（三）国务院兽医行政管理部门禁止生产、经营和使用的兽药。

被撤销产品批准文号或者被吊销进口兽药注册证书的兽药，不得继续生产、进口、经营和使用。已经生产、进口的，由所在地兽医行政管理部门监督销毁，所需费用由违法行为人承担；给他人造成损失的，依法承担赔偿责任。

第七十条 本条例规定的行政处罚由县级以上人民政府兽医行政管理部门决定；其中吊销兽药生产许可证、兽药经营许可证，撤销兽药批准证明文件或者责令停止兽药研究试验的，由发证、批准、备案部门决定。

上级兽医行政管理部门对下级兽医行政管理部门违反本条例的行政行为，应当责令限期改正；逾期不改正的，有权予以改变或者撤销。

第七十一条 本条例规定的货值金额以违法生产、经营兽药的标价计算；没有标价的，按照同类兽药的市场价格计算。

第九章 附 则

第七十二条 本条例下列用语的含义是：

（一）兽药，是指用于预防、治疗、诊断动物疾病或者有目的地调节动物生理机能的物质（含药物饲料添加剂），主要包括：血清制品、疫苗、诊断制品、微生态制品、中药材、中成药、化学药品、抗生素、生化药品、放射性药品及外用杀虫剂、消毒剂等。

（二）兽用处方药，是指凭兽医处方方可购买和使用的兽药。

（三）兽用非处方药，是指由国务院兽医行政管理部门公布的、不需要凭兽医处方就可以自行购买并按照说明书使用的兽药。

（四）兽药生产企业，是指专门生产兽药的企业和兼产兽药的企业，包括从事兽药分装的企业。

（五）兽药经营企业，是指经营兽药的专营企业或者兼营企业。

（六）新兽药，是指未曾在中国境内上市销售的兽用药品。

（七）兽药批准证明文件，是指兽药产品批准文号、进口兽药注册证书、出口兽药证明文件、新兽药注册证书等文件。

第七十三条　兽用麻醉药品、精神药品、毒性药品和放射性药品等特殊药品，依照国家有关规定管理。

第七十四条　水产养殖中的兽药使用、兽药残留检测和监督管理以及水产养殖过程中违法用药的行政处罚，由县级以上人民政府渔业主管部门及其所属的渔政监督管理机构负责。

第七十五条　本条例自 2004 年 11 月 1 日起施行。